집짓기의 기본

안도 아틀리에 (안도 가즈히로 · 다노 에리) 지음 | 이지호 옮김

한스미디어

머리말

　건축 설계라는 일은 우리 생활 전반과 밀접하게 연결되어 있다. 좋게 말하면 일상 속 어디에서나 아이디어를 얻을 수 있지만, 나쁘게 말하면 단 한 순간도 일에서 벗어나지 못한다고 할 수 있다. 이렇게 말하면 개인의 성격에 따라 다르다고 말하는 사람도 있을 것이다. 하지만 나는 휴일에 공원을 산책하거나 영화를 보거나 여행을 가서도 항상 그곳에서 보고 들은 것을 일과 관련지어서 생각하는 습관이 있다.

　1990년, 띠동갑인 연상의 영국인, 아이슬란드인, 대학 동기 그리고 나까지 4명이 도쿄 오사키 지역 물류 창고 한구석에 사무실을 차렸다. 처음에는 언어와 표현 방법 차이에 적응하지 못해 사무실 내 커뮤니케이션에도 어려움을 겪었다. 그런데다 창고에는 공조 설비가 없어서 여름에는 이마의 땀방울이 도면에 떨어지지 않도록 머리에 수건을 두르고 일했고, 겨울에는 코트를 입은 채로 제도 책상 앞에 앉아 도면을 그렸다. 그러나 우리 손을 거친 건축물을 실제로 만들어낸다는 기쁨은 무엇과도 바꿀 수 없는 것이었기에 이런 가혹한 환경도 견뎌낼 수 있었다. 두 번째 겨울이 찾아올 무렵 마침내 첫 프로젝트가 준공을 맞이했다. 다만 그 뒤로는 일감이 들어오지 않았고, 사람도 줄어서 2명이 되었다.

　그래도 이후 6년 동안에는 조금씩 일감이 들어왔고 직원 수도 늘었다. 연구 시설, 박물관, 캠프장 등 다양한 프로젝트를 맡았는데, 클라이언트가 정부 기관인 경우 설계안에 대한 직접적인 피드백이 돌아오지 않아 시간이 걸릴 때가 많았다. 일단 설계안을 제출하고 잠시 손을 쉬고 있으면 우리의 사고(思考)는 프로젝트가 지닌 의미를 깊게 파고들어 재해석하는 방향으로 향했고, 그 결과 바로 직전에 합의했던 설계 내용이 하룻밤의 토론 끝에 뒤집어지는 일도 있었다. 어느덧 나는 형편없는 통역 겸 파트너가 되어 있었지만, 이렇게 하나의 건축물을 파트너, 동료들과 서로 도우면서 완성으로 이끄는 방법을 경험적으로 터득한 것이 현재 설계 활동의 기반이 되었다.

1998년부터는 대학 동기이기도 한 다노 에리와 작은 작업장에서 주택 설계를 계속해 오고 있다. 주택을 설계할 때는 부지와 주변 지형, 거리의 모습을 파악하고 건축주 가족과 대화를 나누면서 계획안을 여러 개 만든다. 주택 설계는 건축주의 반응이 빠르게 오고 알기 쉬워서 그것이 절대적인 판단 기준이 될 때도 있다. 그러나 우리는 건축주 이전에 파트너를 설득할 필요가 있다. 끊임없이 서로의 안(案)에 대해 비평하고 서로에게 영향을 끼치면서 시안을 다듬어 갈 수 있다는 것은 파트너십의 커다란 장점이다.

주택 설계의 오묘함은 같은 대상을 마주하더라도 건축가에 따라 무엇을 문제점으로 파악하고 그 문제를 어떻게 해결하는지가 전부 다르다는 데 있다. 화려하지는 않지만 개개인의 가치관이 충돌하면서 수없이 검증을 거친 가치가 깊은 맛이 되어 조금씩 배어나오는 그런 집을 만들었으면 하는 것이 우리의 바람이다.

이 책에서는 스케치와 사진, 글을 통해 우리가 설계한 주택의 아이디어와 디테일, 그리고 설계하면서 중요하게 여긴 부분을 다양한 관점에서 설명했다. 주택 설계와 관련된 사람뿐만 아니라 앞으로 집을 지을 생각이 있는 일반인도 재미있게 읽을 수 있는 책이 된다면 기쁠 것 같다.

안도 아틀리에 안도 가즈히로

Contents

집의
개성을
이끌어낸다

01

공원을
지켜보는
집

공원과 인접한 이 집의 2층에는 수평으로 기다랗게 펼쳐진 커다란 북쪽 창이 있다. 공원에서 부지를 향해 대담하게 가지를 뻗은 단풍나무를 보고 건축주에게 "가지가 넘어오지 못하게 막지 말고 단풍나무를 받아들이는 형태로 집을 지으면 어떨까요?"라고 제안한 것이 계기였다. 그래서 건축주와 의논 끝에 집 전체를 오각형으로 만들어 북쪽 창문과 벽면이 단풍나무와 공원 중앙을 향하게 했다.

건물을 부지 남쪽에 배치했지만 공원과 건물 사이에 최대한 여유 공간을 만들고 외쪽지붕을 채용해 처마 높이를 조절했기에 집의 북쪽에 인접한 공원의 나무들도 햇볕을 충분히 받을 수 있다. 거실 서쪽에 놓은 데이베드(침대 겸 소파)에 앉거나 누운 채로 장지문을 열면 바람에 흔들리는 단풍나무의 가지 끝이 모습을 드러낸다.

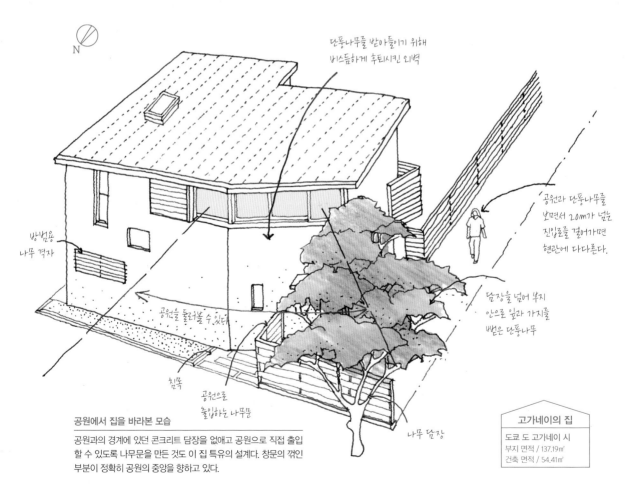

N

단풍나무를 받아들이기 위해
비스듬하게 후퇴시킨 외벽

공원과 단풍나무를
보면서 20m가 넘는
진입로를 걸어가면
현관에 다다른다.

담장을 넘어 부지
안으로 앞과 가지를
뻗은 단풍나무

방범용
나무 격자

공원을 둘러볼 수 있다

침목

공원으로
출입하는 나무문

나무 담장

공원에서 집을 바라본 모습

공원과의 경계에 있던 콘크리트 담장을 없애고 공원으로 직접 출입할 수 있도록 나무문을 만든 것도 이 집 특유의 설계다. 창문의 꺾인 부분이 정확히 공원의 중앙을 향하고 있다.

고가네이의 집

도쿄 도 고가네이 시
부지 면적 / 137.19㎡
건축 면적 / 54.41㎡

주방에서 거실·식당을 바라본 모습. 공원에서 부지 안으로 가지를 뻗은 단풍나무를 받아들이도록 벽을 비스듬하게 후퇴시켜서 오각형 모양의 거실이 되었다. 바닥에서 창문 아래턱까지의 높이는 850mm이고 창문 높이는 900mm다. 창문 폭은 약 4.8m로, 폭 1.2m의 미서기창이 4짝 끼워져 있다.

나무문 높이는 1.2m. 지주 양면에 서로 엇갈리도록 나무판을 붙였기 때문에 시야를 차단하면서도 통기성이 좋다. 소재는 적삼목이다.

시야가 트이도록 나무 담장 높이를 조절했다.

공원

뽕나무   팽나무   단풍나무

담을 넘어 부지 안으로 가지를 뻗은 단풍나무

N

단풍나무

공원으로 직접 출입할 수 있는 나무문

작업실

현관

포치

거실·식당

아이 방

주침실

주방

발코니

식품 저장고

진입로

원래 단독 주택이 지어져 있던 부지를 남북으로 나눈 토지

노로

1층 평면도

2층 평면도

오각형의 건물

공원과 단풍나무를 감상하기 위해 주택을 오각형으로 설계했다. 도로에서 이어지는 진입로는 길이가 약 20m이며, 그 안에 공원과 인접한 현관이 있다.

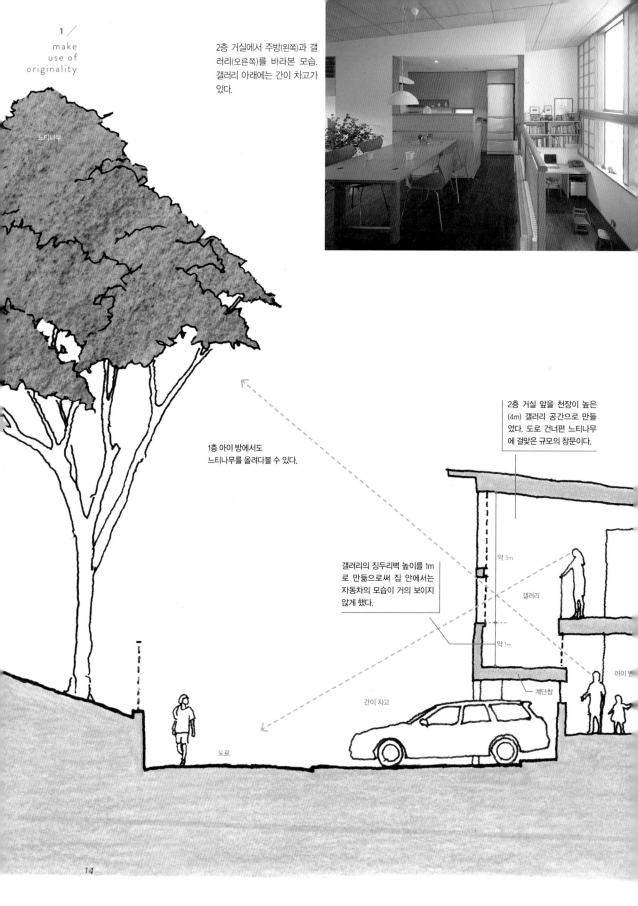

2층 거실에서 주방(왼쪽)과 갤러리(오른쪽)를 바라본 모습. 갤러리 아래에는 간이 차고가 있다.

느티나무

1층 아이 방에서도 느티나무를 올려다볼 수 있다.

2층 거실 앞을 천장이 높은 (4m) 갤러리 공간으로 만들었다. 도로 건너편 느티나무에 걸맞은 규모의 창문이다.

갤러리의 징두리벽 높이를 1m로 만듦으로써 집 안에서는 자동차의 모습이 거의 보이지 않게 했다.

약 3m

갤러리

약 1m

계단참

간이 차고

아이 방

도로

02

거실 앞에 테라스가 사라질 때

도로 건너편에 우뚝 서 있는 커다란 느티나무. 주택의 규모를 가볍게 뛰어넘는 그 모습을 일상 속에 담을 수 있는 집을 만들고 싶었다. 평소에 이웃집과 시선이 마주치지 않도록 2층에 거실을 만들어 느티나무가 보이는 커다란 창문을 달자고 결정했지만, 몇 가지 문제가 있었다.

거실을 만들 때 자주 받는 질문이 있다. "베란다는 어떻게 할 건가요?"라는 질문이다. '툇마루'라는 전통 문화에 길들여져 있는 일본인에게는 이른바 '툇마루 유전자'가 형성되어 있기라도 한 것일까? 일본인에게 거실에서 툇마루로 이어지는 공간은 생활 속에서 즐겁고 단란한 한때를 보낸 기억이 자리하고 있는 장소라는 느낌을 받는다. 그래서 거실이 2층에 있더라도 '가끔은 밖으로 나가서 시간을 보내고 싶다'는 소망을 버리지 못하는 사람이 많은 것 아닐까? 그러나 오늘날에는 주택 환경상 작은 집에 툇마루의 기억과 소망을 재현하기가 어려운 경우도 있다. 이 집이 바로 그런 경우였다.

그래서 거실 밖에 베란다를 설치하는 대신 실내에 '툇마루'를 설치하기로 했다. 간이 차고의 상부 여유 높이를 줄여서 2층 거실 앞을 천장이 높은 갤러리로 만들었다. 도로 건너편에 우뚝 서 있는 거대한 느티나무를 담는 커다란 창문을 실현한 것이다. 또한 아래층의 아이 방에서도 갤러리 너머로 느티나무를 올려다 볼 수 있도록 설계해, 부모가 계단을 오르내릴 때 자연스럽게 아이 방을 살펴볼 수 있게 했다. 계단 중간에 설치한 천장 높이 4미터의 갤러리는 자동차 2대분의 간이 차고 위에서 가족과 느티나무를 연결하는 '툇마루'로 기능하고 있다.

거실 식당

거실과 아이 방을 연결하는 갤러리

계단 계단참(8번째 단)과 같은 높이에 설치한 갤러리가 상하층을 연결한다. 창의 높이를 3m로 크게 확보함으로써 어느 층에 있더라도 느티나무의 모습을 바라볼 수 있게 했다.

우라와의 집

사이타마 현 사이타마 시
부지 면적 / 110.54㎡
건축 면적 / 57.10㎡

03

거실이
2개 있는
집

현관 토방에서 다다미방을 바라본 모습. 토방에는 피자 등을 만들 수 있는 주방 (장작)난로를 설치했다. 토방 바닥은 콩자갈 물씻기로 마감했으며, 정면 폭 3m×안길이 2.9m다. 신발 수납장을 겸하는 장식장은 물푸레나무 정목(플러시패널)으로 제작했다.

이 집에서는 1층 중앙에 넓은 토방을 만들어, 정원을 지나서 오는 손님을 맞이하는 현관으로 삼았다. 양쪽에 있는 다다미방과 아이 방도 토방을 통해 연결되어 있다. 넓은 남쪽 정원과 마주하고 있는 토방이 '1층의 거실'로서 기능하는 것이다.

이 주택의 부지는 도로에서 서쪽으로 좁은 통로를 통해 연결되어 있는 자루형 토지로서 주위의 이웃집 4채와 부지 뒤편 산에서 내려오는 수로의 보호를 받고 있기 때문에 남쪽으로 크게 트여 있는 정원에 있어도 외부인의 시선이 거의 닿지 않는다. 또한 서쪽에 있는 수로를 따라 원래 이 토지에서 자라고 있었던 가시나무와 아왜나무가 가지와 잎을 무성하게 펼치고 있어 수로 건너편 집들로부터 시선을 차단해 준다.

정원과 함께 살아가는 집 밖의 생활을 뒷받침하기 위해 토방 앞에 집 안과 집

오이소의 집

가나가와 현 나카 군
부지 면적 / 345.46㎡
건축 면적 / 68.63㎡

2층 평면도

옷장
욕실
침실
2층 거실·식당
주방
세면실

N

앞 정원과 마주보도록 설계

앞 정원을 충분히 즐길 수 있도록 일부
러 건축 면적을 66㎡로 억제했다. 복도를
만들지 않고 방과 방을 직접 연결해 불필
요한 공간을 줄임으로써 앞 정원을 넓게
확보했다. 1층과 2층 거실 모두 앞 정원을
향해 열려 있다.

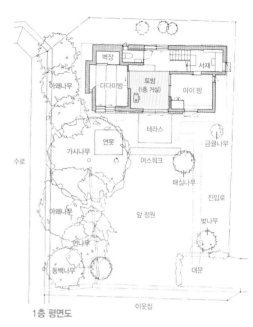

벽장
다다미방
서재
토방
(1층 거실)
아이 방
테라스
금귤나무
아왜나무
연못
어스워크
매실나무
수로
가시나무
진입로
앞 정원
벚나무
아왜나무
언나무
동백나무
대문
이웃집

1층 평면도

밖을 연결하는 콘크리트 테라스를 설치하고 2층의 튀어
나온 부분이 테라스 위를 지붕처럼 덮게 했다. 또한 바람
이 통과하도록 토방의 남쪽과 북쪽에 문을 달았으며, 테
라스의 쌍미닫이문으로 뒤쪽에 방충망을 붙인 비늘살문
을 사용했다.

　이 건물의 바닥 면적은 상하층을 합쳐 약 113㎡다. 그
래서 복도를 만들지 않는 대신 2층 거실에서 세면실을 지
나 주침실로 들어가게 했고 계단참에 서재를 설치하는 등
방과 방을 직접 연결해 불필요한 공간을 줄임으로써 '1층
의 거실'을 조금 넉넉하게 확보했다.

튀어 나온 2층 부분의 낙숫물받이를 겸하는 어스워크 너머로 현관 토방을
바라본 모습. 개구부 양쪽에 달린 쌍미닫이문은 방충문을 겸하는 비늘살문
이다. 외관과 정원 디자인은 다세 미치오 씨(플란타고)가 담당했다.

토방에서 늘산디가 깔린 앞 정원을 바라본 모습. 부지 서쪽(오른쪽)에는 오
래전부터 이곳에 있던 가시나무와 아왜나무가 작은 숲을 이루고 있다.

04

회유 동선이
있는 집에서
산다

주방에서 거실·식당을 바라본 모습. 남북 3.3×동서 7.7×높이 2.4m의 공간에 폭 2.8m의 테라스 문(사진 오른쪽)을 설치했다. 이곳에는 장지문·유리문·방충문·빈지문이 설치되어 있다. 사진 왼쪽 구석에 보이는 것은 다다미방으로 통하는 급사문이다. 폭 540×높이 960mm이며, 발문과 맹장지문이 설치되어 있다. 보통은 바람이 잘 통하는 발문만 닫아 놓지만, 손님이 왔을 때는 맹장지문을 닫아 내부가 보이지 않게 한다.

우리는 '회유(回遊) 동선이 있는 집'을 많이 만들어 왔다. 어떤 장소에 이르는 경로가 둘 이상이면 생활할 때 편리할 뿐만 아니라 용도나 그날의 기분에 따라 이동 경로를 선택함으로써 자연스럽게 가족 간의 커뮤니케이션이 확대되어 생활이 더욱 즐거워진다고 믿기 때문이다.

아침에 가족에게 쓰레기를 버려 달라는 부탁을 받으면 테라스를 통해 주방으로 들어가 쓰레기 봉지를 들고 그대로 거실을 가로질러 버리러 간다. 다다미방에 손님이 있을 때는 차 또는 커피를 들고 들어가거나 치울 때 복도를 통해 드나드는 것이 아니라 거실 쪽으로 나 있는 급사문(다실에 음식이나 다과 등을 운반할 때 사용하는 문)을 사용한다. 이처럼 가족들이 용무를 처리하기 위한 경로를 자신의 취향에 맞게 선택할 수 있다.

아주 사소한 일이지만 커다란 쓰레기 봉지를 들고 있을 때 다른 사람의 옆을 스쳐 지나가지 않고 버리러 갈 수 있으며, 음료수를 대접하거나 치울 때 손님의 앞이나 뒤를 가로지를 필요도 없어진다. 거실에서 아이를 꾸짖을 일이 있어도 우회로가 있으면 아이가 부모와 마주치지 않고 자신의 방으로 돌아갈 수 있어 아이를 막다른 길로 몰아넣지 않을 수 있다. 현관에서 이어지는 경로가 둘 이상 있으면 장을 보고 돌아온 아버지와 아이가 주방에 혼자 있는 어머니의 양쪽으로 빠르게 가서 요리를 도울 수 있으며, 가족 전원이 주방에 있어도 번잡해지지 않는다. 그 결과 가족이 단란한 한때를 보내는 공간이 식당과 거실에서 주방까지 확장되어 간다.

오이즈미의 집

도쿄 도 네리마 구
부지 면적 / 125.04㎡
건축 면적 / 51.40㎡

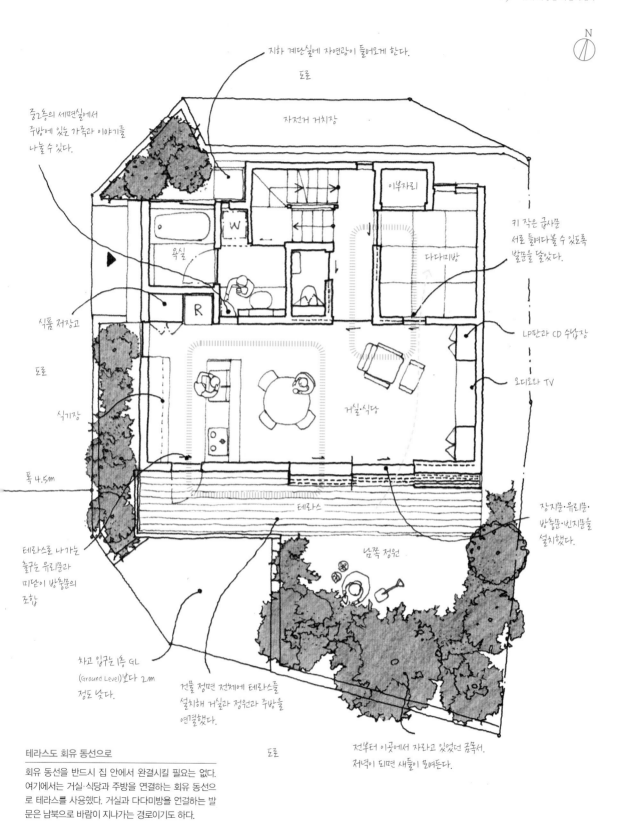

N

지하 계단실에 자연광이 들어오게 한다.

도로

자전거 거치장

중2층의 세면실에서
주방에 있는 가족과 이야기를
나눌 수 있다.

이부자리

욕실

W

다다미방

키 작은 금사문
서로 들여다볼 수 있도록
받문을 달았다.

식품 저장고

R

도로

LP판과 CD 수납장

식기장

거실·식당

오디오와 TV

폭 4.5m

테라스

장지문·유리문·
방충문·반지문을
설치했다.

테라스로 나가는
놀구는 유리문과
미닫이 방충문의
조합

남쪽 정원

차고 입구는 1층 GL
(Ground Level)보다 2m
정도 낮다.

건물 정면 전체에 테라스를
설치해 거실과 정원과 주방을
연결했다.

도로

전부터 이곳에서 자라고 있었던 금목서.
저녁이 되면 새들이 모여든다.

테라스도 회유 동선으로

회유 동선을 반드시 집 안에서 완결시킬 필요는 없다.
여기에서는 거실·식당과 주방을 연결하는 회유 동선으
로 테라스를 사용했다. 거실과 다다미방을 연결하는 발
문은 남북으로 바람이 지나가는 경로이기도 하다.

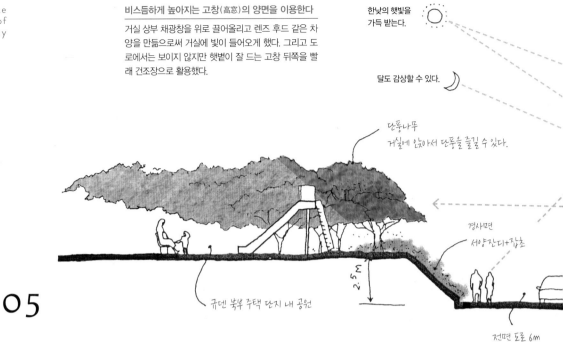

비스듬하게 높아지는 고창(高窓)의 양면을 이용한다
거실 상부 채광창을 위로 끌어올리고 렌즈 후드 같은 차양을 만듦으로써 거실에 빛이 들어오게 했다. 그리고 도로에서는 보이지 않지만 햇볕이 잘 드는 고창 뒤쪽을 빨래 건조장으로 활용했다.

한낮의 햇빛을 가득 받는다.

달도 감상할 수 있다.

단풍나무
거실에 앉아서 단풍을 즐길 수 있다.

경사면
서양잔디+잡초

규덴 북부 주택 단지 내 공원

2.5m

전면 도로 6m

05

창문에 후드가 달린 집

이 집은 우리 아틀리에에서 설계한 첫 번째 주택으로, 건축주는 트롬본과 피아노 연주자 부부다. 이 부부를 알게 된 뒤 1년 동안 수없이 연주회와 식사에 초대를 받아 교류하면서 두 사람이 어떤 집을 원하는지에 관해 오랫동안 이야기를 나눴고, 그런 다음 부부가 대학 시절을 보냈던 마을에서 조건에 부합하는 토지를 찾아냈다.

지반이 도로보다 2.4미터 높아서 지하층에 음악실을 설치하기에는 안성맞춤인 부지였지만, 문제는 이웃집이 3면을 둘러싸고 있어서 도로와 인접한 남쪽에 거실을 배치하고 창을 설치할 수밖에 없었다. 그러나 "집에서 산다기보다 거리에서 살고 싶습니다"라는 말을 듣고 원래 지반 높이에 커다란 미서기창을 통해 공원의 나무들을 감상할 수 있는 거실·식당을 만들었다.

다만 "햇볕이 잘 들지만 도로에서 보이지 않는 곳에 빨래 건조장을 만들고 싶습니다"라는 주문에는 알겠다고 대답했지만 적당한 장소를 찾아내지 못하고 있었다. 연주자로서 오랫동안 독일에서 생활했던 부부에게 거리에서 보이는 장소는 꽃을 장식해야 할 곳이지 빨래를 말리는 곳이 아니었다. "거리에서 살고 싶다"라는 말에 거리를 대하는 건축주 자세가 응축되어 있음을 깨달은 우리는 집 전체 구조에 관한 답을 이끌어내 이 문제를 해결해야겠다고 느꼈다.

그래서 고심한 끝에 거실 높은 곳에 고창(高窓)을 설치하고 창문 밖에 렌즈 후드와 비슷한 차양을 만들었다. 이렇게 해서 빛과 바람을 건물 내부까지 끌어들이는 동시에 도로에서 빨래 건조장으로 향하는 시선은 차양이 차단해 주는 특징적인 외관의 집이 탄생했다.

규덴의 집
도쿄 도 세타가야 구
부지 면적 / 123.61㎡
건축 면적 / 61.16㎡

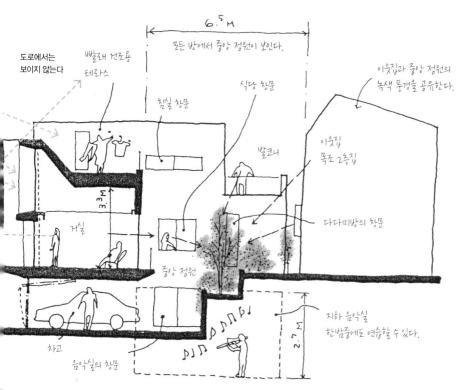

6.5 M

모든 방에서 중앙 정원이 보인다.

도로에서는
보이지 않는다

빨래 건조용
테라스

침실 창문

식당 창문

이웃집과 중앙 정원의
녹색 풍경을 공유한다.

발코니

이웃집
목조 2층집

3.3m

거실

다다미방의 창문

중앙 정원

2.7m

지하 음악실
한밤중에도 연습할 수 있다.

차고

음악실의 창문

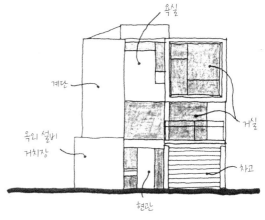

욕실

계단

옥외 설비
거치장

거실

차고

현관

정면에서 본 고창의 모습

입면은 3장의 정사각형 창으로 구성
되어 있다. 거실의 미서기창에서는 도
로 건너편에 있는 공원을 감상할 수
있다. 거실 상부의 고창 뒤쪽에 빨래
건조장(테라스)이 숨겨져 있다.

거실을 바라본 모습. 천장 높이는 앞쪽의
낮은 부분이 2.2m, 안쪽의 높은 부분이
3.3m다. 벽면 수납장은 이 집을 지을 때
함께 제작한 것이다. 빨래 건조장은 한 단
높은 천장의 위쪽에 있으며, 2층 세면실을
통해 드나들 수 있다.

동쪽 도로와 인접한 현관·포치·
차고 주변을 바라본 모습. 내부
가 들여다보이도록 만들어 정
원이 있는 생활을 거리에 공개
하면서도 보호하고 있다. 원래
높이가 1.65m였던 동쪽 담장을
1.2m로 다시 만들어 정원에 있
는 이나리 신의 사당과 도리이
가 외부에서도 차고 너머로 엿보
이게 했다.

06

마트료시카 구조로
가족의 공간을 보호한다

집의 핵심이 되는 거실·식당·주방 이외의 방들을 '툇마루'로 삼아 가족이 단란한 한때를 보내는 장소를 보호하는 '마트료시카 구조'를 만들자는 생각으로 설계한 집이다.

이 집이 지어진 곳은 남쪽과 동쪽에 폭이 좁은 일방통행로가 인접한 모퉁이 땅이다. 주변에 자연도 적고 길을 걷는 사람에게는 집들의 벽이 압박감을 주는, 조금은 답답한 느낌이 드는 거리다. 담장이 없는 집에서는 생활감이 길가로 흘러나온다.

원래 남쪽과 동쪽에 사람 키 정도 높이의 담장이 있어 거리에 대해 닫혀 있는 부지였는데, 새로 집을 지으면서 정원에 있는 이나리 신의 사당(이 거리에서 사는 사람들이 대대로 상업에 종사해 왔다는 증거이기도 하다)을 거리에 개방하고 싶다고 느꼈다. 주변에 집들이 빽빽하게 들어서 있는 주택가에 담장을 설치해 서로의 시선을 차단하지 않고 건축물과 정원으로 향하는 외부의 시선을 부드럽게 받아들이는 '마을의 풍경'을 만들고 싶었던 것이다.

그래서 먼저 동쪽 도로를 따라 시야가 트인 차고와 포치를 배치함으로써 이나리 신의 사당과 도리이가 보행자들의 시선에 들어오게 했다. 또한 도로를 향해 세로 격자 울타리를 설치해 감나무 고목의 그림자가 손님을 맞이하는 포치를 만들었다. 외부에서 정원이나 감나무를 향하는 시선은 집 안에서 정원이나 감나무를 바라보는 시선과 직각을 이루기 때문에 같은 정원, 같은 나무를 보고 있어도 집에 사는 사람에게는 전혀 신경이 쓰이지 않는다.

현관에서 집의 중심을 향해 휘감듯이 이어지는 복도는 필요한 방을 연결하는 데 그치지 않고 동쪽 도로에서 나무들 사이로 들어오는 외부 시선을 받아들이고 또 완화함으로써 가족이 단란한 시간을 보내는 공간을 보호하는 역할을 한다.

구시히키의 집 I
사이타마 현 사이타마 시
부지 면적 / 293.86㎡
건축 면적 / 151.20㎡

거실·식당의 바깥 둘레를 휘감듯이
복도와 서비스 룸을 배치했다.

세로 격자 스크린을 통해
감나무를 보여준다.

현관과 차고를 오가는 연결 통로에 지붕을
덮어 연결 복도처럼 만들었다.

새로 만든 담장은 높이를 1.2m로
낮춰 길가의 시선을 유도했다.

도로 동쪽

옆문

복도

W/C

현관

포치·연결 통로

차고

식품 저장고

주방

식당

가사실

후피향나무

감나무

세면실

거실

테라스

남쪽 도로변에는
기존에 있었던 높
이 1.6m의 콘크리
트 블록 담장을 그
대로 사용했다.

참배길

욕실

다다미방

도리이

4.9m

도로

빨래 건조장

산딸나무

이나리 신의 사당

N

인접한 주차장(자사)

사생활을 보호하기 위한 구조

교통량이 많은 생활 도로가 주위를 둘러싸고
있기 때문에 사생활의 보호가 중요한 거실과
주방, 식당 등은 집의 중심부에 배치했다.

바깥쪽을 휘감으면서 안쪽을 보
호하는 설계는 마쓰야마의 명물
인 '이치로쿠 타르트'를 모티프로
삼은 것이다.

현관에서 동쪽 도로를 따라 뻗은 복도를 바라
본 모습. 왼쪽은 주방 싱크대 앞에 있는 창문
이다. 집 안에서는 도로변의 정원수가 보이지
만, 외부에서의 시선은 왼쪽의 주방 벽에 차단
당한다.

감나무 그림자가 비치는 적삼목의
세로 격자 스크린. 안쪽으로 보이
는 것은 미송으로 만든 현관문이
다. 포치에는 세월의 흐름에 따른
변화를 즐길 수 있는 시라카와석
이라는 안산암을 사용했다.

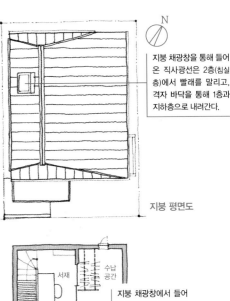

미니멀한 3층 구조

지하층은 작업장, 1층은 일상생활을 하는 곳, 2층은 휴식과 몸단장을 하는 곳이다. 법적으로 가능한 최대한의 넓이를 확보하기 위해 칸막이벽을 최대한 없애거나 얇게 만들었다.

N

지붕 채광창을 통해 들어온 직사광선은 2층(침실층)에서 빨래를 말리고, 격자 바닥을 통해 1층과 지하층으로 내려간다.

지붕 평면도

07

작지만 실내복 같은
편안한 집

지금까지 지은 집 가운데 가장 부지가 좁았던 곳이다. '어떻게 공간을 만들어야 부부 2명이 여유롭게 생활할 수 있는 집이 될 수 있을까?'가 설계에 임할 때의 커다란 과제인 동시에 매력이기도 했다.

침실층과 그 아래 생활층을 하나의 공간으로 간주하고, 실내 온도 차이를 줄이기 위해 지붕과 외벽의 목재 구조 바깥쪽을 단열·통기층으로 감쌌다. 그리고 안쪽은 후키누케*와 계단을 통해 빛과 소리, 열을 통과시키는 구조로 만들었다. 내부 장치와 가구 크기를 우선적으로 고려해 칸막이벽은 45×45밀리미터 각재와 반자틀용 36×40밀리미터 각재를 이용해 최대한 얇게 만들었다. 1층의 거실·식당은 넓이가 약 13.2제곱미터인데, 북쪽의 절반은 후키누케로 위층과 연결시켜 침실과 공간이 이어진 느낌을 받을 수 있게 만들었다. 눈에 보이는 벽이나 바닥 뒤편에 있는 주거 공간을 어떻게 의식시키느냐는 거주자가 느끼는 '넓이'라는 감각에 크게 관여한다고 생각한다.

침실 창문을 통해 들어오는 강한 빛이 몇 차례의 반사를 거쳐 거실로 내려오고 주방의 소리가 후키누케를 통해 서재로 전해지는 등, 생활의 기척이 피부에 기분 좋게 닿는 '실내복 같은 집'이 되었으면 좋겠다고 생각했다.

* 후키누케: 하층 부분의 천장과 상층 부분의 바닥을 설치하지 않음으로써 상하층을 연속시킨 공간

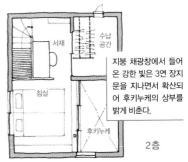

지붕 채광창에서 들어온 강한 빛은 3연 장지문을 지나면서 확산되어 후키누케의 상부를 밝게 비춘다.

서재
수납
공간
침실
후키누케
2층

W 주방
R
거실·식당
발코니
1층

상부는 후키누케. 지붕 바깥쪽에 단열·통기층을 확보했기 때문에 천장을 노출 구조로 만들었다.

아틀리에
현관
욕실
간이 차고
지하층
도로

교도의 집

도쿄 도 세타가야 구
부지 면적 / 41.00㎡
건축 면적 / 24.53㎡

면적이 작은 만큼 소재의 질에 최대한 신경을 썼다. 벽에는 규조토, 바닥에는 소나무 원목, 창틀에는 물푸레나무 원목을 사용했다. 거주자의 희망에 따라 빛이 필요 이상으로 직접 들어오지 않도록 개구부의 위치를 궁리했다.

거실에서 남쪽 정원을 바라본 모습. 창문 너머로 보이는 것은 처마가 햇볕을 막아 주는 테라스다. 해먹에 누워 쉬기도 하고 개와 놀기도 하는 등 가족의 소중한 휴식처가 되고 있다. 도로에서의 시선은 남쪽 정원이 차단해 준다.

08

수풀이 덥수룩한 집

"수풀이 덥수룩한 집을 만들고 싶습니다"라는 것이 건축주의 요청이었다. 건축주의 말을 들어 보니 '덥수룩한'은 식물이 무성한 모습을 가리키는 듯했다. 요컨대 '초록빛의 자연을 가까이서 즐기며 살고 싶다'는 뜻이다. 그렇다면 어떻게 계획해야 할까? 먼저 건물 배치가 열쇠일 것 같다는 생각이 들었다.

사각형 부지에 사각형의 집을 경계선과 평행하게 배치하면 균일한 거리의 여백이 남는다. 한편 집을 비스듬하게 배치하면 건물에서 부지 경계까지의 거리에 변화가 나타난다. 말하자면 집에서 부지 경계까지의 거리가 멀수록 '덥수룩한' 나무와 풀을 즐길 수 있다. 이 집에서는 다다미방이나 현관 등 각각의 방에서 나무와 풀이 보이도록 평면의 형태를 올록볼록하게 만들었다.

남쪽에 도로가 있어서 길을 지나다니는 사람의 시선도 신경 쓰이기 때문에 집이 도로를 정면으로 향하지 않도록 배치하는 것은 사생활 보호로도 이어진다. 또한 거실 앞 테라스 상부에 있는 발코니가 깊은 처마가 되어 차양 역할을 한다.

이 집을 찾아갈 때마다 북쪽 정원의 무성한 나뭇잎과 그 틈새로 들어오는 햇살에 마음이 포근해진다.

고쿠분지의 집

도쿄 도 고쿠분지 시
부지 면적 / 167.64㎡
건축 면적 / 66.31㎡

차고에서 건물 남쪽 면을 바라본 모습. 산딸나무를 중심으로 한 울창한 정원수가 테라스를 뒤덮어 외부 시선으로부터 실내를 보호해 준다.

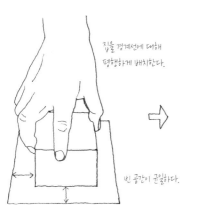

집을 경계선에 대해
평행하게 배치한다.

빈 공간이 균일하다.

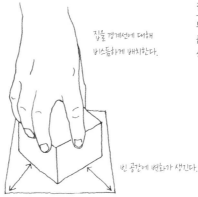

집을 경계선에 대해
비스듬하게 배치한다.

빈 공간에 변화가 생긴다.

집을 비스듬하게 배치하면?

부지 경계와 건물 사이 공간이 넓은 곳과
좁은 곳이 생기기 때문에 경치에 변화가
생겨난다.

덥수룩한 정원이 만들어지기까지

정원 꾸미기는 구리타 신조 씨(사이엔)에
게 의뢰했다. 구리타 씨는 건축주에게 좋
아하는 나무와 싫어하는 나무를 적어 달
라고 부탁했다. 그리고 가족이 태어난 달
에 꽃을 피우는 나무들을 심어서 '가족의
생일을 축하하는 정원'을 완성시켰다. 그
후 이웃에 지은 시부모의 집 정원도 역
시 구리타 씨가 담당하게 되었다.

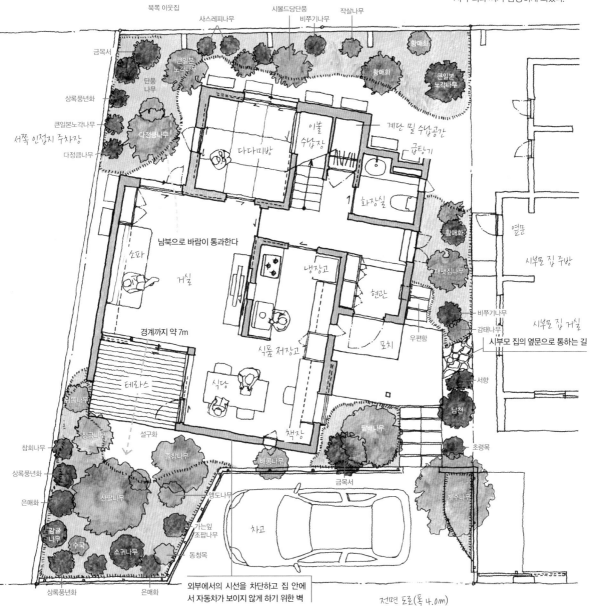

북쪽 이웃집

사스레피나무 시볼드당단풍 작살나무
비쭈기나무

금목서

큰일본노각나무 황매화

단풍나무 황매화 큰일본노각나무

상록풍년화

큰일본노각나무 다정큼나무

서쪽 인접지 주차장

다정큼나무

계단 밑 수납공간

이불수납장 금탕기

다다미방 수납장

화장실

남북으로 바람이 통과한다 황매화

소파 남매진나무

거실 냉장고 현관 비쭈기나무

현관문 감태나무 시부모 집 거실

경계까지 약 7m 식품 저장고 포치 우편함 서향 시부모 집의 옆문으로 통하는 길

테라스 식당

설구화 책장 남천

쉬똥나무 팥배나무 초령목

참화나무 천금나무 졸참나무

상록풍년화 앵도나무 금목서

산딸나무 배롱나무 개수나무

은매화 가는잎조팝나무

감귤나무 차고

수국 소귀나무

동청목

상록풍년화 은매화

외부에서의 시선을 차단하고 집 안에
서 자동차가 보이지 않게 하기 위한 벽

전면 도로(폭 4.0m)

27

2층의 테라스에서 '골목 정원'을 내려다본 모습. 도로에서 건축주 부부의 현관 포치까지의 거리는 약 12미터로 상당히 길다. 이 골목처럼 만든 진입로는 정원의 기능도 겸하고 있다.

09

골목이 있는 집

이 주변의 오래된 주택 중에는 부지를 완전히 뒤덮을 만큼 정원에 수풀이 무성한 곳이 지금도 남아 있다. 한편 최근에 주인이 바뀐 토지에는 도로와 인접한 정면 폭이 좁고 안쪽으로 길쭉한 집이 서서히 늘어나기 시작했다. 정면 폭이 4~5미터로 좁아짐에 따라 정원수를 남길 여지가 없어져, 크고 멋진 나무들이 모조리 벌채되고 그 자리에 주차장이 들어선다. 이런 변화가 일상적으로 일어나고 있다는 사실에 문득 안타까움을 느낄 때가 있다.

이 집의 부지는 정면 폭이 8미터, 안길이 18.6미터의 직사각형으로, 역시 안쪽으로 길쭉한 형태다. 서쪽으로 이웃한 집의 토지를 절반 양도받은 것이었기 때문에 집을 지으려는 시점에는 아직 두 집의 경계에 담장도 없었고 도로에서 부지 안쪽을 향해 이웃집의 정원수가 무성하게 자라고 있었다. 건축주 가족 세대와 남편 혹은 아내의 부모 세대가 함께 살 예정이어서 두 세대의 현관을 나누고 싶어 했기 때문에 건축주 세대의 현관을 최대한 도로에서 떨어뜨리고 이웃집 정원의 자연을 정원 대신 즐길 수 있는 진입로를 만들자고 생각했다.

부지를 찾아갔을 때 때마침 이웃집 주인과 이야기를 나눌 기회가 있었는데, 그때 "이쪽에서도 경계선을 따라 수목을 늘려서 담장 대신으로 삼으면 어떨까 생각하고 있습니다"라고 제안했더니 흔쾌히 받아들여 주셨다. 이처럼 부지를 양도받은 건축주 가족과 양도한 이웃집 가족의 좋은 관계 덕분에 담장을 세우는 대신 기존의 풍부한 정원수를 활용한 '골목 정원'을 계획할 수 있었다.

히가시타마가와의 집

도쿄 도 고쿠분지 시
부지 면적 / 152.06㎡
건축 면적 / 75.94㎡

골목 정원을 구성하는 수목들
이웃집 쪽에는 상록수와 낙엽수
를 섞어서 심었다. 기존의 수목
(이웃집이 심은 것)도 섞여 있어서
시선을 차단해 준다.

그리피스물푸레나무

이웃집

시선을 차단해
주는 수목들

동청목

꽃산딸나무

테라스

단풍나무

자식 세대의 현관

남천

단풍철쭉

부모 세대의
현관

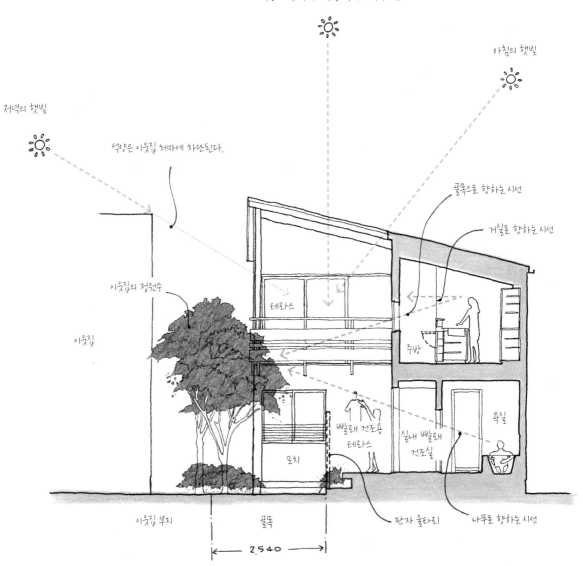

빛과 시선이 들어오는 길

부지가 골목을 따라 남북으로 길게 뻗어 있는 까
닭에 각 방에서 골목의 정원수를 바라볼 수 있
다. 골목의 폭은 손님용 주차장을 겸할 수 있도록
2.5m를 확보했다. 부지 가장 안쪽에 있는 거실에
도 오전부터 오후에 걸쳐 햇빛이 충분히 들어오
도록 계획했다.

한낮의 햇빛
(정오에는 약간 이웃집 쪽으로 치우친다.)

아침의 햇빛

저녁의 햇빛

석양은 이웃집 처마에 차단된다.

골목으로 향하는 시선

거실로 향하는 시선

이웃집의 정원수

테라스

이웃집

주방

빨래 건조용
테라스

실내 빨래
건조실

욕실

포치

판자 울타리

나무로 향하는 시선

이웃집 부지

골목

2,540

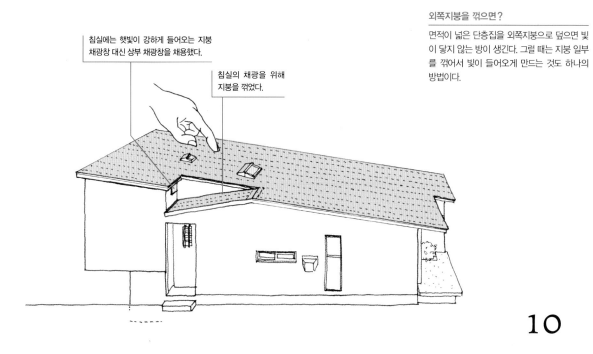

침실에는 햇빛이 강하게 들어오는 지붕 채광창 대신 상부 채광창을 채용했다.

침실의 채광을 위해 지붕을 꺾었다.

외쪽지붕을 꺾으면?
면적이 넓은 단층집을 외쪽지붕으로 덮으면 빛이 닿지 않는 방이 생긴다. 그럴 때는 지붕 일부를 꺾어서 빛이 들어오게 만드는 것도 하나의 방법이다.

1O

단층집? 2층집?

이 집은 공장과 집합 주택, 점포 등이 밀집해 있는 지역에 자리하고 있다. 부지 남쪽에는 교통량이 많은 좁은 도로가, 동쪽에는 암거를 사이에 두고 남북으로 뻗은 고저 차 1.1미터 정도의 내리막길이 인접해 있다.

그래서 시선과 소음을 차단하기 위해 부지 남쪽에 정원을 넓게 남기고 주차장은 건물 북쪽에 배치하기로 했다. 처음에는 건축 비용을 고려해 2층집을 전제로 설계를 진행했지만, 이 부지의 특징을 살리고 싶다는 생각이 들어 '단층집' 설계 안도 모색했다. 그 결과 남쪽에는 거실과 식당 등 가족이 모이는 장소를 배치하고 북쪽에는 바닥 높이를 1.2미터 정도 높여 침실과 아이 방을 두는, 반은 단층집이고 반은 2층집인 주택을 설계하게 되었다. 북쪽은 지면이 1.1미터 낮기 때문에 차고로 사용하기 딱 알맞은 높이의 처마가 되어 준다. 차고 위는 철골조로 만들어 앞으로 내밀고, 자동차 출입에 방해되는 기둥을 안쪽으로 집어넣어 동쪽의 도로에서 봤을 때 깔끔하게 보이도록 만들었다.

단층집의 약점은 지붕이 크면 중앙에 빛이 들어오도록 만들기 어렵다는 것이다. 이 집의 경우 식당은 동쪽에 붙어 있는 작업실의 높은 창에서, 세면실·화장실은 지붕 채광창에서, 침실은 지붕을 꺾고 설치한 상부 채광창에서 빛과 바람이 들어오게 했다.

이치카와의 집
지바 현 이치카와 시
부지 면적 / 284.84㎡
건축 면적 / 108.10㎡

이치카와의 집

상단 오른쪽/왼쪽 앞에 보이는 것은 욕실 상부에 설치한 다락 수납공간의 문이다.
아래/동쪽에서 건물 벽면을 바라본 모습. 오른쪽을 향해 완만하게 내려가는 지반을 이용해
차고를 설치했다.

설계의 변천사

처음에 건축주에게 의뢰받은 것은 2층집 설계였지만, 입지 조건과 건축주 요청을 종합해 보니 '단층집이어도 괜찮지 않을까?'라는 생각이 들었다. 그래서 차고 지붕 높이 등을 조정해 모든 공간을 덮는 외쪽지붕 단층집에 최대한 가까운 설계안을 만들었다.

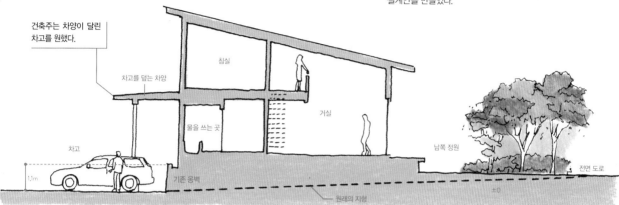

건축주는 차양이 달린 차고를 원했다.

차고를 덮는 차양

침실

거실

물을 쓰는 곳

차고

남쪽 정원

전면 도로

1.1m

기존 옹벽

원래의 지형

±0

초기의 2층집 설계안

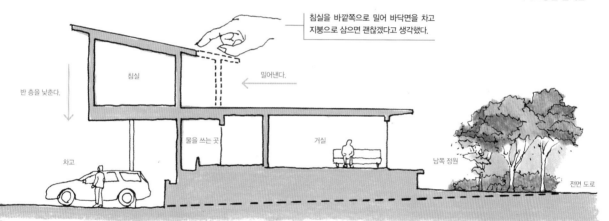

침실을 바깥쪽으로 밀어 바닥면을 차고 지붕으로 삼으면 괜찮겠다고 생각했다.

반 층을 낮춘다.

침실

밀어낸다.

물을 쓰는 곳

거실

차고

남쪽 정원

전면 도로

2층을 북쪽으로 밀어내면?

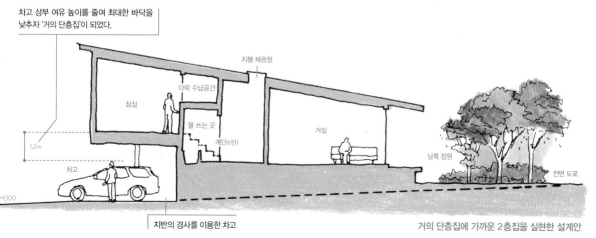

차고 상부 여유 높이를 줄여 최대한 바닥을 낮추자 '거의 단층집'이 되었다.

지붕 채광창

다락 수납공간

침실

물 쓰는 곳

계단(6단)

거실

1.2m

차고

남쪽 정원

전면 도로

−1,100

지반의 경사를 이용한 차고

거의 단층집에 가까운 2층집을 실현한 설계안

4명이 앉으면 가득 차는 좁은 공간이지만, 지붕 위의 덱은 발코니나 테라스와는 다른 개방감이 있다. 고도 제한이 있는 지역이어서 주변 건물들도 전부 낮기 때문에 전망이 좋다.

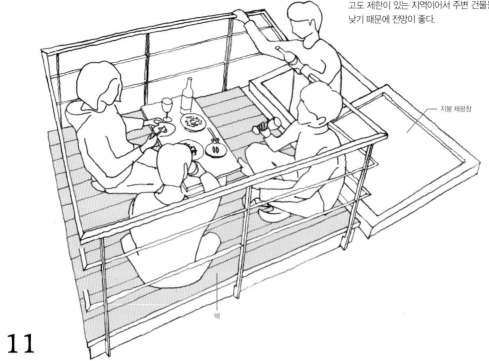

지붕 채광창

덱

11

지붕 위의 벚꽃놀이 특별석

    구니타치 시의 대학로는 널리 알려진 벚꽃 명소로, 역 주변의 주택지와 학교, 교회 등에도 수많은 벚나무가 심어져 있다. 다른 계절에는 거리를 걷고 있어도 깨닫기 어렵지만, 벚꽃 시즌에 거리를 내려다보면 엄청난 수의 벚나무에 놀라게 된다.

    건축주는 이 집을 짓기 전에 대학로와 떨어진 콘크리트 2층 건물의 연립주택에서 살고 있었는데, 하루는 나를 옥상으로 안내했다. 그곳에서는 구니타치의 거리를 한눈에 둘러볼 수 있었다. 낮은 기와지붕들 사이로 꽃을 활짝 피운 벚나무들과 바람에 휘날리는 꽃잎들을 보고 있으니 마치 구름 속을 걷고 있는 것 같은 편안한 부유감이 느껴졌다. 설계를 시작한 뒤에도 그때의 인상이 강하게 남아 있었던 나는 새 집의 지붕 위에 밖으로 나올 수 있는 덱을 설치하면 어떻겠냐고 제안했다.

    고작 3.3제곱미터 정도의 좁은 공간이지만, 덱에 앉아 있으면 건물의 고도 제한이 엄격한 구니타치 거리의 벚꽃을 감상할 수 있다. '1년에 한 번밖에 쓸 일이 없을 텐데 뭘 그렇게까지…'라고 생각했다면 그것은 풍류를 모르는 지적이다. 일본인은 벚꽃놀이 전날부터 가슴이 두근거리고 좋은 자리를 잡기 위해 밤을 새우는 민족이 아닌가?

구니타치의 집

도쿄 도 구니타치 시
부지 면적 / 182.77㎡
건축 면적 / 70.44㎡

도로 쪽 모습. 통풍이 잘 되고 적당히 시선을 차단해 주는 세로 격자로 덮여 있는
곳은 빨래 건조 공간이다. 도로에서는 지붕 덱이 직접 보이지 않도록 만들었다.

지붕에서 보이는 것

고도 제한 덕분에 전망이 좋아서, 봄에는 벚꽃,
여름에는 푸른 수목, 때로는 불꽃놀이나 달구
경 등 계절마다 다른 전망을 즐길 수 있다.

지붕 위에 설치한 벚꽃놀이용 덱. 슬라이드식 지붕 채광창을 통해 드나든다. 덱
의 재료는 직심목이며, 난간은 강도가 있는 스틸 플랫 바에 용융 아연 도금을
했다.

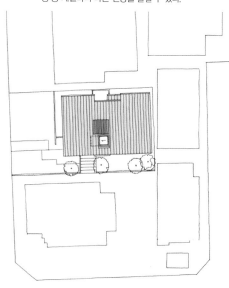

1 남쪽 도로에서 건물을 바라본 모습. 집 뒤쪽으로 보이는 것은 부모의 집(안채, 2층 건물) 지붕이며, 오른쪽에 보이는 것은 헛간(2층 건물)이다. 단층집이고 지붕 면적도 넓기 때문에 주위의 풍경에 녹아들도록 기와지붕으로 만들었다.

12

농촌 풍경에
녹아든
지붕

사이타마 현 요시미 정은 영화로 유명한 '노보우의 성'으로부터 남서쪽으로 약 10킬로미터 떨어진, 아라 강과 이루마 강을 사이에 둔 곳에 위치하고 있다. 부지를 처음 봤을 때, 논밭이 눈부실 만큼 푸르다는 것과 함께 지반이 낮다는 느낌을 받았다. 안쪽으로 강의 범람에 대비해 흙을 쌓아 올린 곳에 건축주 부모의 집이 있었다. 당당한 기와지붕이 도로에서도 눈에 띄었다. 또한 부지 동쪽에는 집과 같은 기와지붕의 헛간이 있었다. 그런 주위 상황 때문일까, 건축주의 요청 사항은 '지붕에 기와를 얹을 것'과 '단층집으로 만들 것'이었다.

도시 지역에서는 고도 제한이나 좁은 부지 때문에 지붕면이 잘 보이지 않아서 지붕의 존재감이 희박한 면이 있다. 그러나 부지가 넉넉한 농촌에서는 지붕이 눈에 잘 띄기 마련이다. 그래서 지붕을 복잡한 형태가 아니라 여유로움이 느껴지는 형태로 만들자고 생각했다. 기와지붕은 가급적 단순한 형태가 아름답다고 생각했기 때문이다.

기존의 기와지붕은 기본적으로 기울기가 약 21.8도 이상이었는데, 최근에는 약 16.7도로도 시공이 가능해졌다. 이 집의 경우 경량 점토기와를 사용해 16.7도 기

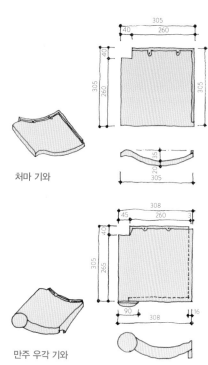

처마 기와

만주 우각 기와

처마 끝 기와의 종류

요시미에 지은 집의 처마 끝에는 일문자 기와를 사용했는데, 처마 끝 기와에는 그 밖에도 그림과 같은 것이 있다. 처마 기와의 유효 너비는 가로 265×세로 235mm, 만주 우각 기와의 유효 너비는 가로 305×세로 265mm다. 옛날 기와지붕은 지붕에 까는 흙과 기와(Roof Tile)에 방수를 의존했기 때문에 적새 부분(용마루)에서도 빗물이 새는 경우가 있었다. 이 집을 지을 때는 방수 시트를 이중으로 깔았다.

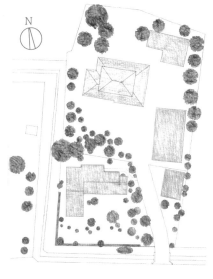

울기로 지붕을 만들었다. 지붕 경사가 완만해진 만큼 경쾌한 느낌을 준다. 기와의 유효 너비는 가로 265×세로 235밀리미터가 기본이지만 옛날과는 폭 조정을 다르게 할 수 있는 제품이 있는 모양이다.

뜬금없는 이야기이지만, 만약 타임머신이 있다면 어느 시대에 가 보고 싶은지 상상할 때가 있다. 나는 세 차례의 큰 화재를 거치면서 아름다워졌을 에도 거리의 기와지붕을 보고 싶다.

주변 환경과 집의 배치

밭으로 사용하던 안채 앞마당에 자녀 세대의 집을 짓게 되어 농지를 택지로 전용했다. 도로에서 그대로 들여다보이기 때문에 잡목을 심어 시야를 차단했다 (110페이지).

요시미의 집

사이타마 현 히키 군
부지 면적 / 459.01㎡
건축 면적 / 107.59㎡

동쪽 도로에서 집의 정면을 바라본 모습. 2층은 1층보다 0.6m 튀어나와 있어 차양 역할을 겸한다. 도로에서 최대 3.5m 정도 뒤로 빼서 지음으로써 알기 쉬운 '집의 형태'를 만들었다.

13

집의 정면

도쿄 도내에 지을 집을 설계할 때는 고도 제한·용적률, 건폐율 등이 집의 형태를 결정하는 경우가 종종 있다. 설계 시작 전에 이웃집의 설계 개요서를 도시계획과에서 입수해 높이와 배치 등을 확인했더니, 이웃집 중에는 지붕 기울기를 북측 사선 제한*에 맞추고 최고 높이는 제한인 10미터에 아슬아슬하게 미달하는 9.99미터이며 용적률 역시 상한선까지 맞춘 곳도 있었다. 비싼 토지 가격을 생각하면 그럴 수밖에 없는 것도 이해가 되지만, 제한을 지키기만 하면 만사 오케이인가 하는 생각에 심경이 복잡해진다.

법적인 제한으로 거리에 일률적인 주택이 늘어서는 것이 좋은 현상이라고는 생각하지 않는다. 영화 〈해리 포터〉에서 해리의 사촌인 더즐리 가족이 사는 주택가의 전경이 나왔을 때, 순간 소름이 끼쳤다. 똑같은 집이 똑같은 간격으로 늘어서 있는 모습에서는 그곳에 사는 사람들의 개성이 전혀 보이지 않는다. 모든 것을 익명화하고 싶어 하는 세상이기는 하지만, 좋은 의미에서든 나쁜 의미에서든 '집'은 그곳에 사는 사람이 어떤 사람인지 드러낸다.

이 집을 설계할 때는 직장에서 열심히 일하거나 학교에서 열심히 공부하고 집으로 돌아왔을 때 문득 마음이 편안해지는 '집의 정면'을 만들고 싶었다. 도로 쪽에는 주차장 역할을 하는 그린 블록을 깐 잔디 공간이 있어서 정면이 뚜렷하게 보인다. 도로 쪽에서 보이는 입면은 26.6도의 박공지붕을 얹은 대칭형으로 만들었

* 북측 사선 제한: 북쪽에 있는 이웃의 일조권을 확보하기 위해 건축물의 높이를 제한하는 규정

다카반의 집

도쿄 도 메구로 구
부지 면적 / 100.34㎡
건축 면적 / 57.95㎡

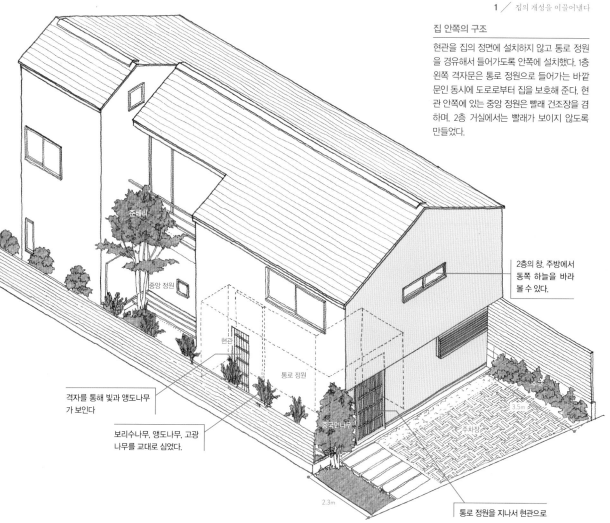

집 안쪽의 구조

현관을 집의 정면에 설치하지 않고 통로 정원을 경유해서 들어가도록 안쪽에 설치했다. 1층 왼쪽 격자문은 통로 정원으로 들어가는 바깥문인 동시에 도로로부터 집을 보호해 준다. 현관 안쪽에 있는 중앙 정원은 빨래 건조장을 겸하며, 2층 거실에서는 빨래가 보이지 않도록 만들었다.

준베리

중앙 정원

2층의 창. 주방에서 동쪽 하늘을 바라볼 수 있다.

현관

격자를 통해 빛과 앵도나무가 보인다

통로 정원

3.5m

보리수나무, 앵도나무, 고광나무를 교대로 심었다.

중국먼나무

주차장

2.3m

통로 정원을 지나서 현관으로

다. 대문을 대신하는 스틸 격자문 너머로는 중앙 정원의 준베리가 보인다.

60센티미터 정도 튀어나온 2층 바닥이 비를 피하는 처마 역할을 하면서 벽에 음영을 만들어 준다. 현관으로 이어지는 통로 정원에는 자전거를 세우고 물건을 놓아둘 수 있는 공간을, 안쪽 중앙 정원에는 도로에서 보이지 않도록 빨래 건조장을 마련했다.

현관 앞 외벽 격자에서는 앵도나무 가지가 뻗어 나와 계절을 알려 준다. 얼마 전, "올해도 잼을 만들었습니다"라는 연하장이 도착했다.

왼쪽 앞에 보이는 나무는 중국먼나무, 통로 정원 너머로 보이는 나무는 준베리다. 격자문은 스틸제이지만 문고리는 티크를 깎아서 만들었다.

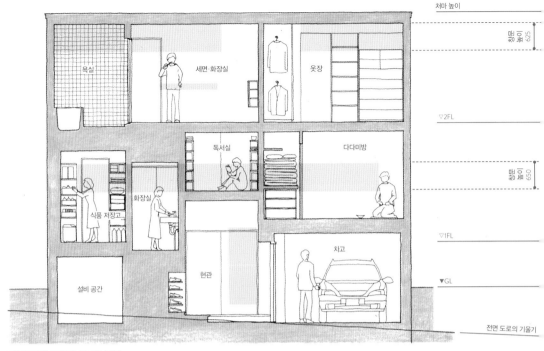

파사드면과 인접한 부분의 단면

이미지 레이블:
처마 높이
창문 높이 625
▽2FL
창문 높이 650
▽1FL
▽GL
전면 도로의 기울기

욕실 / 세면·화장실 / 옷장 / 독서실 / 다다미방 / 식품 저장고 / 화장실 / 차고 / 현관 / 설비 공간

14

창문부터
결정하는
설계

도로에서 집의 창문을 바라보면 그곳이 어떤 방인지 대략적으로 상상이 가기 마련이다. 높이나 폭, 위치에 따라 이곳은 욕실이겠구나, 여기가 거실이겠구나 하고 짐작할 수 있다. 창문 배치는 제각각이지만 입면의 전체적인 인상은 깔끔한 경우도 있고, 배치가 지나치게 자유분방한 탓에 입면의 인상이 난잡해지는 경우도 있다. 또한 부지나 도로가 경사져 있거나 플로어 레벨이 하나가 아닐 경우, 실내에서 봤을 때는 창문의 높이나 위치에 다 이유가 있지만 바깥에서 봤을 때는 맥락이 느껴지지 않을 가능성이 크다.

주택을 짓다 보면 편의성이나 내부 배치상 화장실이나 세면실, 수납공간 등 창문 위치가 한정되는 작은 방을 나란히 배치할 때가 있다. 그리고 이것이 그대로 주택의 입면에 나타난다. 편의성을 중시한 창문의 배열이 파울 클레나 피트 몬드리안의 그림처럼 많은 사람을 감탄시키는 절묘한 구성을 이룬다면 참 좋겠지만, 세상일이 그렇게 간단하지는 않다.

이 집의 경우, 1층과 2층의 서비스 룸*을 도로와 마주한 집의 정면인 북쪽 면에 나란히 배치했다. 1층 정면에는 식품 저장고·화장실·서고·다다미방을 배치하고, 각각의 창문을 횡연창처럼 가로로 나란히 연결시켰다. 여기에서는 일반적인 방식과 반대로 먼저 창문 높이를 공통적으로 결정한 다음 각 방의 필요에 맞춰 바닥 위치를 결정하는 방식을 사용했다. 2층에는 수납용 방·세면실·욕실의 천장에 딱 붙여 알루미늄 새시를 연결시키고 목제 루버로 외부에서의 시선을 차단하는 동시에 알루미늄 새시의 딱딱한 인상을 완화시켰다.

* 서비스 룸: 채광을 위한 창문 크기가 바닥 면적의 7분의 1 미만이어서 건축 기준법상 방으로 인정되지 않는 공간

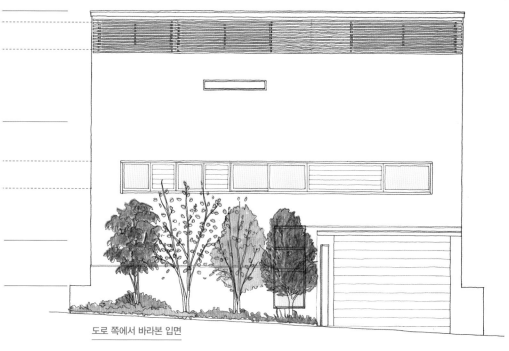

도로 쪽에서 바라본 입면

독서실의 천장 높이는 1.4m. 계단 중간에서 옆으로 들어간다.

목제 미닫이창을 외부에 달아서 횡연창처럼 일체화했다.

격자로 둘러싸인 알루미늄 미서기창. 북쪽의 채광과 통풍 기능을 겸한다.

도로에서 파사드면까지 약 1m

전면 도로(폭 4m)

이부자리 / 다다미방 / 독서실 / 화장실 / 식품저장고 / 식당 / 주방 / 거실 / 테라스

1층

수납용 방 / 세면·탈의실 / 욕실 / 주침실 / 후키누케 / 아이 방 / 빨래 건조용 테라스

N

2층

도로와 마주하는 면에는 서비스 룸을 배치

도로와의 거리가 가깝기 때문에 도로 쪽에 서비스 룸을 배치해 사생활을 보호하기 위한 완충 지대로 삼았다. 방과 거실은 이웃집과 접한 남쪽에 배치했다.

아사카의 집
사이타마 현 아사카 시
부지 면적 / 102.48㎡
건축 면적 / 58.64㎡

창문은 미송으로 창틀을 짠 유리창이며, 방충문과 빈지문을 함께 설치했다. 빈지문에는 물에 강하고 가벼운 적삼목을 사용했다.

41

이웃집과 시선이 교차하는 것을 막기 위해 세로 격자를 설치해 장지문을 닫지 않아도 생활할 수 있게 했다. 격자가 강한 석양을 적당히 차단해 부드러운 빛으로 바꿔 준다.

빛과 바람의 경로

남쪽 도로를 향하고 있는 개구부에서 들어온 빛과 바람을 건물 안쪽으로 유도하기 위해 칸막이벽을 거의 설치하지 않았다.

← ----- 햇빛을 북쪽의 주거 공간으로 유도하는 경로
← ----- 일상의 통풍 경로
← ----- 온도 차이를 이용하는 환기 경로
← ----- 시선

천장의 경사를 비스듬하게 해 개구부의 높이를 확보하고 기울기를 겨울의 태양 고도에 맞췄다

여름의 태양

거리에서는 빨래가 보이지 않는다.

세로 격자 스크린

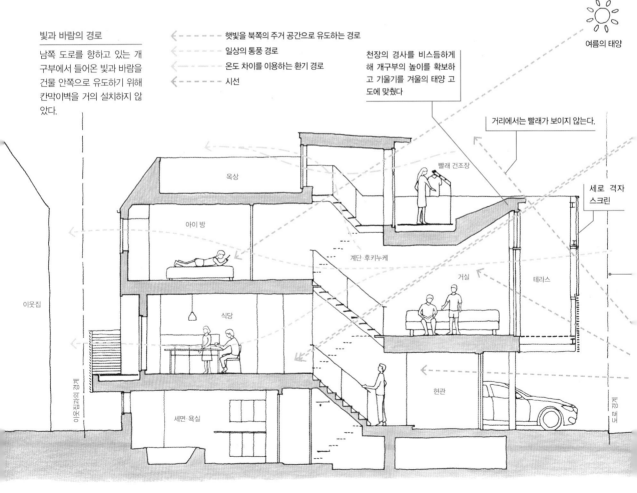

옥상

빨래 건조장

아이 방

계단 · 후키누케

거실

테라스

식당

이웃집

이웃집과의 경계

세면 · 욕실

현관

경계

가로·세로 격자를 조합한 미서기 창을 열거나 닫으면 거리를 바라보는 파사드의 표정이 달라진다.

오쓰카의 집

도쿄 도 분쿄 구
부지 면적 / 96.22㎡
건축 면적 / 57.28㎡

겨울의 태양

15

미서기 격자창을 통해 표정을 바꾸는 파사드

도로(4m)

건너편 집

도로 쪽에서의 시선을 세로 격자로 중화시킨다. 틈새로 내부가 들여다보이는 것은 알고 있다.

부지 크기에 따라 차이는 있지만, 도심의 밀집도가 높은 주택지에서는 도로와 하늘을 향해서가 아니면 커다란 개구부를 만들 수 없는 경우가 종종 있다. 그래서 '도로를 향하는 창문이나 출입구에 격자를 설치해 문을 열어 놓고 사는 시골집'을 모방해, 거리를 바라보는 구조로 만들었다. 동시에 격자 일부를 미서기창으로 만들어 그것을 여느냐 닫느냐에 따라 '거리를 바라보는' 표정을 바꿀 수는 없을까 생각했다.

먼저, 4미터 폭의 도로 건너편에 주택이 늘어서 있어 개구부에서 시선이 교차하기 때문에 테라스 앞면을 세로 격자 스크린으로 덮었다. 이때 세로 격자 앞뒤를 조금 깊게 만듦으로써 바람은 들어오지만 시선은 들어오기 어렵게 했으며, 유리창 안쪽에 설치한 3연 장지문을 열거나 닫아서 시선의 출입을 조절할 수 있게 했다. 또한 미서기 격자창을 가로세로로 짬으로써 외부 시선과 빛이 들어오는 방식이 달라졌고 파사드에서 드러나는 집의 표정 변화도 커졌다.

도로와 가장 가까운 거실 주개구부 앞에는 안길이 1.8미터의 테라스가 앞으로 튀어나오도록 설치해 도로에서 올려다보는 시선을 간섭하도록 만들었다.

———— 표고 70m

북쪽의 산에서 새라 곤충이 우는 소리가 들린다.

이웃집

<u>NORTH</u>

골짜기를 따라 남풍이 올라온다.

콘크리트 옹벽에 반사되어 눈이 부시다.

표고 27m

부지

≒ 100

부지의 높이는 전면 도로보다
1.8미터 낮다.

여름의 햇빛

겨울의 햇빛

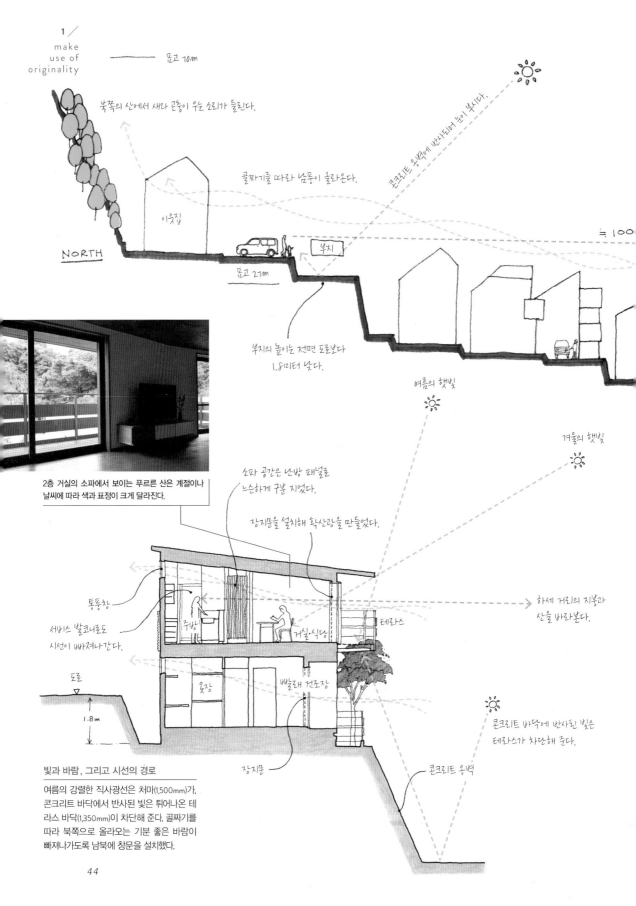

2층 거실의 소파에서 보이는 푸르른 산은 계절이나
날씨에 따라 색과 표정이 크게 달라진다.

소파 공간은 난방 패널로
느슨하게 구분 지었다.

장지문을 설치해 확산광을 만들었다.

하세 거리의 지붕과
산을 바라본다.

통풍창

서비스 발코니로도
시선이 빠져나간다.

주방

거실·식당

테라스

도로

1.8 m

옷장

빨래 건조장

장지문

콘크리트 옹벽

콘크리트 바닥에 반사된 빛은
테라스가 차단해 준다.

빛과 바람, 그리고 시선의 경로

여름의 강렬한 직사광선은 처마(1,500mm)가,
콘크리트 바닥에서 반사된 빛은 튀어나온 테
라스 바닥(1,350mm)이 차단해 준다. 골짜기를
따라 북쪽으로 올라오는 기분 좋은 바람이
빠져나가도록 남북에 창문을 설치했다.

부지의 첫인상

부지와 인접한 도로에 서자 정면으로 멀리 보이는 (약 100미터 앞) 녹색의 산이 매우 아름다워서, '이 풍경을 보면서 생활할 수 있는 집을 짓자'고 생각했다. 그러나 남쪽에 위치해서 역광이 되는 탓에 산의 녹색을 보려면 궁리가 필요했다. 그래서 깊은 처마와 튀어나온 테라스로 빛을 차단했다.

부지는 콘크리트 옹벽 위에 있다. 2층 거실·식당 전면에 목제 덱 테라스를 설치했다.

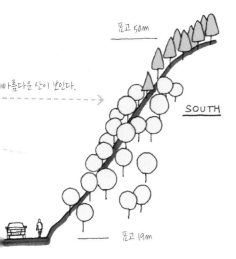

표고 50m

아름다운 산이 보인다.

SOUTH

표고 19m

16

먼 곳을 바라보면서 생활한다

자연이 풍부한 골짜기를 따라 이어지는 기나긴 비탈길을 올라가자 갓 조성된 택지가 모습을 드러냈고, 그 한구석에 부지가 있었다. 아직 집이 거의 지어져 있지 않은 새로운 콘크리트 토대가 한여름의 직사광선을 반사해 굉장히 눈이 부셨던 기억이 난다.

골짜기는 유이가하마로 향하는 입구를 제외하면 거의 사방이 산으로 둘러싸여 있다. 처음에는 강한 햇살 때문에 산에 그림자가 드리워져 검푸른 벽처럼 보이지만, 이윽고 구름이 태양을 가리자 산은 갑자기 녹색의 섬세한 디테일을 되찾았다. 배후에서는 새소리가 들리고, 골짜기를 따라 남풍이 불어왔다. 이곳이 상쾌한 피서지 같은 입지임을 깨달은 나는 창문을 크게 내서 남풍을 받아들이는 동시에 계절과 날씨, 빛의 변화에 따라 전혀 다른 표정을 드러내는 하세의 산등성이와 푸르른 산을 매일 즐길 수 있는 집을 만들자고 생각했다.

2층 거실에서는 창문을 통해 산을 바라볼 수 있고, 깊은 처마와 앞으로 튀어나온 테라스가 직사광선과 반사광을 막아 준다. 창문 위아래에 튀어나온 처마와 테라스는 거실과 식당을 어둡게 만들지만, 덕분에 집 안은 먼 풍경을 바라보기 적합한 환경이 된다. 카메라에 부착한 렌즈 후드 같은 작용을 하는 것이다. 여기에 거주자의 센스도 한몫해서, 이 집을 방문할 때마다 빛이 들어오는 방향이나 양을 조절하면 '그늘을 몸에 두른 물체가 아름답게 보인다'는 사실을 새삼 실감하게 된다.

하세의 집

가나가와 현 가마쿠라 시
부지 면적 / 165.19㎡
건축 면적 / 54.63㎡

거실에서 식당을 바라본 모습. 왼쪽에 있
는 테라스에는 방충문·유리문·장지문을
달았다. 바닥에는 삼나무판, 천장에는 나
왕 합판, 벽에는 규조토를 사용했다. TV
장식장도 함께 제작했다(154페이지).

가족의
거리감이
살기 편한 집인가
아닌가를 결정한다

거실·식당을 바라본 모습. 난간 뒤쪽은 갤러리이며, 창문 너머로 느티나무가 보인다. 난간에는 일부러 130mm의 틈새를 만들어서 경치가 가려지지 않게 했다. 난간 하부에는 온수 난방 패널을 설치했다.

17

인기척은 있지만
보이지 않을 때 편안함을 느낀다

'주방에서 채소 써는 소리가 거실에서 들린다', '주방에 있을 때도 아이들이 노는 소리를 들을 수 있다' 하지만 모습은 보이지 않는다. 아무리 사이좋은 가족이라 해도 이런 적당한 거리나 혼자임을 느낄 수 있는 공간을 갖는 것은 매우 중요한 일이라 생각한다.

이 집의 2층은 거실·식당과 주방을 합친 약 33제곱미터 공간에 계단과 갤러리로 구성되어 있다. 거실 소파에 앉으면 갤러리나 주방에 있는 가족은 보이지 않는다. 벽 길이나 바닥의 고저 차를 이용해 같은 공간에 있어도 서로에게 사각(死角)이 되는 장소를 만든 것이다.

도로 건너편 느티나무 숲을 충분히 즐길 수 있도록 갤러리에는 큰 창문을 설치했다(14페이지 참조). 4개의 알루미늄 새시(미서기창과 고정창)를 조합해 만든 이 창문을 열고 닫음으로써 상하층으로 들어오는 빛의 양과 바람의 양을 동시에 조절할 수 있다. 또한 안쪽에는 석양을 차단하기 위한 3연 장지문을 달았다.

거실 서쪽에는 욕실·세면실·빨래 건조장을 남북으로 배치해 세탁과 빨래 말리기의 동선을 일렬로 정리했다. 빨래 건조장 남쪽과 서쪽 면은 목제 세로 격자로 덮어 도로나 이웃집에서 빨래가 직접 보이지 않게 했다. 빨래 건조장 문과 욕실 창문을 개방하면 바람이 지나가는 통로가 되기 때문에 맞벌이 부부가 빨래를 널어 놓은 채로 일하러 나갈 수도 있다.

우라와의 집
사이타마 현 우라와 시
부지 면적 / 110.54㎡
건축 면적 / 57.10㎡

도로에서 현관을 바라본 모습. 사진 왼쪽 현관 위가 빨래 건조장이다. 세로 격자의 앞뒤를 깊게 만들어 통풍을 확보하면서도 밖에서 빨래가 거의 보이지 않게 했다.

욕실에서 빨래 건조장을 바라본 모습. 세로 격자가 있어서 문을 열어 놓은 채로 외출할 수 있다.

바닥의 높이 차이와 벽 등을 이용해 시선을 차단했다. 모습은 보이지 않지만 기척은 느낄 수 있기 때문에 가족이 같은 공간에 있으면서도 자신만의 시간을 보낼 수 있다.

가족의 기척을 느낄 수 있는 방 배치

거실·식당과 갤러리 바닥은 1,150mm의 고저 차가 있다. 그래서 소파에 앉으면 갤러리나 주방에 있는 가족의 모습이 가구나 칸막이에 가려 보이지 않게 된다.

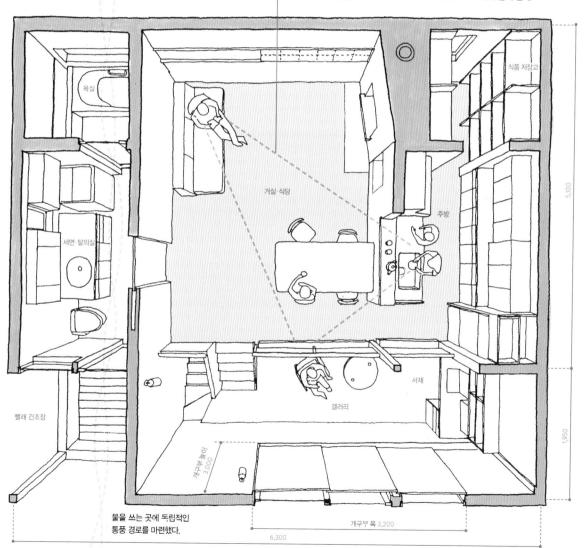

욕실

세면·탈의실

식품 저장고

거실·식당

주방

서재

빨래 건조장

갤러리

천장 높이 3,000

5,100

1,950

물을 쓰는 곳에 독립적인 통풍 경로를 마련했다.

개구부 폭 3,200

6,300

18

닫지 않고 감춤으로서 넓은 느낌을 연출한다

공간을 연결하는 방법

계단 주위를 둘러싼 거실→식당→주방은
칸막이벽 없이 연결되어 있다. 중앙에 있는
계단과 주위 벽이 항상 어딘가를 감춰서 전
체를 둘러볼 수 없도록 설계했다.

식당에서 거실을 바라봤을 때, 시
선을 현관 쪽으로 유도하기 위해
목제 세로 격자를 설치했다.

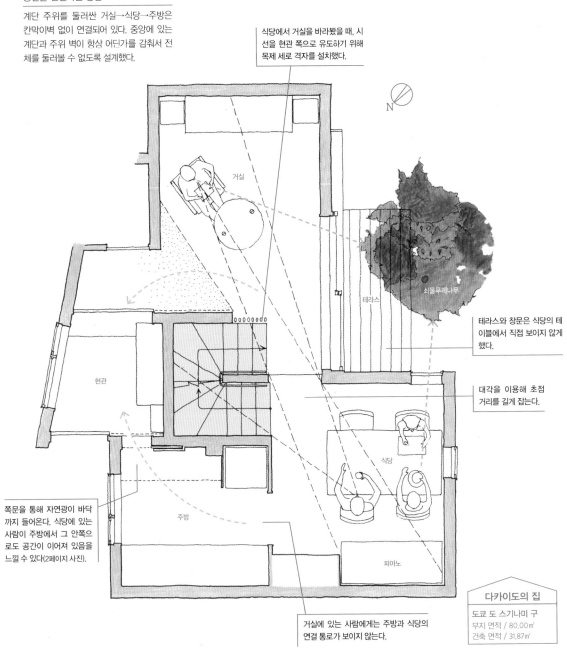

테라스와 창문은 식당의 테
이블에서 직접 보이지 않게
했다.

대각을 이용해 초점
거리를 길게 잡는다.

쪽문을 통해 자연광이 바닥
까지 들어온다. 식당에 있는
사람이 주방에서 그 안쪽으
로도 공간이 이어져 있음을
느낄 수 있다(2페이지 사진).

거실에 있는 사람에게는 주방과 식당의
연결 통로가 보이지 않는다.

다카이도의 집

도쿄 도 스기나미 구
부지 면적 / 80.00㎡
건축 면적 / 31.87㎡

문틀과 계단의 디딤판, 세로 격자(30×60)에는 물푸레나무 원목재를 사용했다. 여기에 맞춰 빌트인 가구에는 물푸레나무의 플러시패널을 사용했다.

80제곱미터 부지에 지은 이 작은 3층 주택에서는 중심에 배치한 계단이 각각의 층을 연결하면서 각 층의 공간을 '나눈다', '연결한다', '감춘다'라는 3가지 역할을 담당하고 있다.

1층에는 계단을 중심으로 현관→거실→식당→주방을 배치했다. 또한 현관에만 칸막이문을 설치하고 다른 공간은 좁은 통로를 통해 서로 연결시켰다. 거실과 식당은 비스듬하게 시선이 이어지도록 함으로써 공간의 크기를 보완했다.

계단이 항상 주위 공간 중 어딘가를 감춰서 모든 공간이 동시에 보이지 않도록 설계했다. 거실에 있는 가족은 주방에 누가 있는지 볼 수 없으며, 테라스에 사람이 있어도 식당에서는 보이지 않는다. 그 결과, 각각의 공간은 작지만 가족끼리의 거리를 확보할 수 있는 장소가 탄생했다.

이렇게 위치에 따라 보이지 않는 공간을 만드는 것이 공간을 열어서 전부 보이게 만드는 것보다 더 효과적으로 '넓은 느낌'을 주는 지름길이 될 때가 있다. 이 집의 경우 바깥으로 펼쳐진 테라스와 테라스 앞에 심은 쇠물푸레나무의 모습도 위치에 따라 보이지 않게 한 것이 '주거 공간'을 밖으로 확장하는 데 공헌했다.

거실(왼쪽)과 식당(오른쪽)의 개구부를 바라본 모습. 양쪽 모두 장지문을 벽 속으로 집어넣을 수 있어 깔끔한 인상을 준다. 중앙부의 짧은 벽이 두 방을 나누는 모호한 칸막이 역할을 한다.

19 비스듬하게 보면서 생활한다

집을 짓는 것은 미래를 내다보고 몇 가지 계획을 검토하면서 무엇이 중요한지 깨닫는 작업이다. 출산이나 부모와의 동거로 가족의 숫자가 늘어나거나 자녀의 독립으로 인원 수가 줄어들었을 경우 집을 어떻게 활용할 것인지, 이웃 건물이 헐리거나 새로 지어졌을 때 채광이나 통풍은 어떻게 변화할지 등, 경제적인 문제까지 포함해 다양한 패턴을 생각한다. 그렇게 여러 각도에서 바라보며 취사선택한 가치가 '그 가족의 특성에 맞는 집의 형태'가 된다.

설계를 시작할 때 3인 가족이었던 사쿠라신마치의 건축주도 이사할 무렵에는 4인 가족이 되어 있었다. 장래에는 근처에 사는 부모와의 동거도 염두에 두고 1층에 샤워실과 예비실을 마련했다. 가족이 늘어나면 더더욱 개개인의 생활 리듬이나 그날의 기분에도 차이가 생길 것이다. 그래서 가족이 마음 편히 생활할 수 있도록 그때그때 서로의 거리감을 조절할 수 있는 집을 만들고 싶었다.

이를 위한 방법 중 하나는 용도가 다른 장소를 비스듬하게 연결하는 것이다. 그러면 서로의 기척은 느낄 수 있지만 시야에는 들어오지 않는 공간이 만들어진다. 비스듬하게 어긋난 공간에서는 대각선이 길어지기 때문에 같은 바닥 면적이라도 직사각형 공간보다 훨씬 넓게 느껴진다.

이 집의 경우 거실에서 작업 공간까지가 S자로 이어져 있다. 거실에서 TV를 보고 있는 사람의 눈에는 계단 벽 너머에서 숙제를 하고 있는 자녀가 보이지 않는다. 그러나 서로의 목소리는 닿는 거리에 있다.

사쿠라신마치의 집
도쿄 도 세타가야 구
부지 면적 / 127.18㎡
건축 면적 / 59.33㎡

거실에서 주방을 바라본 모습. 나왕으로 제작한 상단 카운터의 높이는 FL+1,125mm로, 조리 카운터(FL+850mm)에 있는 사람의 손은 보이지 않는다.

이웃집의 나무가 보인다.

주방에서 거실을 바라본 모습. 장지문을 닫으면 남쪽에서 들어오는 빛이 확산되어 방 전체가 균일한 밝기가 된다.

작업 공간

약전함

분전함

레코드

2층으로

현관 밑 수납 공간

현관

거실과 식당 사이의 내력벽은 두 공간을 나누는 모호한 경계가 되어 주며, TV 장식장을 두는 곳이기도 하다.

주방

예비실

식당

소파에서는 식당과 주방이 보인다.

거실

남쪽 정원

1층은 꺾인 S자형

거실과 식당 사이에 미닫이문 등을 설치하지 않고 하나의 공간으로 만들었다. 공간에 잘록한 부분을 만들어 모호하게 구분하기 위해 식당과 거실 사이에 내력벽을 겸한 날개벽을 설치하고 TV를 놓는 공간으로 활용했다.

거리의 모습이 보인다.

작업 공간의 동쪽 창. 처마까지 닿아 있는 상부 채광창에서 들어오는 빛이 작업 공간을 거쳐 식당까지 들어온다.

20

사각형의 공간에
거실·식당·주방을 배치하다

　이 집은 남북으로 약 15미터×동서로 약 8미터의 직사각형으로, 외쪽지붕이 덮인 단층집에 가깝다. 거실이나 식당을 비스듬히 배치하지 않고 심플한 사각형 원룸으로 설계했다.

　방을 비스듬하게 배치하면 시선이 대각선으로 길어져서 공간이 넓게 보이고 공간이 꺾여 시야가 제한되는 등의 효과를 얻을 수 있다. 그러나 6.3미터×5.1미터라는 한정된 면적의 사각형 공간에 거실·식당·주방을 배치하려면 궁리가 필요하다.

　이 집의 경우 먼저 가구의 크기를 억제했다. 주방의 조리대 겸 수납장 높이를 80센티미터로 낮게 하고, TV 주위의 수납장도 붙박이로 만들어 바닥면이 넓어 보이게 했다. 주방 가전제품이 거실이나 식당에서는 보이지 않도록 냉장고는 식품 저장고 안으로, 오븐레인지와 토스터는 식탁과의 사이에 있는 가구에 수납했다. 조리대 위 벽 선반장은 수평으로 설치하고, 레인지후드도 벽을 통해 배기하는 방식으로 깔끔하게 정리했다.

　또한 곳곳에 설치한 창문이 외부로 시선을 유도한다. 소파 뒤쪽에 있는 상하로 나뉜 미닫이 장지문을 통해 부드러운 빛이 들어오고, 장지문을 열어 놓으면 거실 남쪽 창이 실내를 정원과 일체감 있는 밝기로 만들어 준다. 조리대 위 미서기창은 손 부분의 밝기를 확보하기 위해 설치한 것이다. 식당 동쪽으로 이어지는 작업 공간의 테라스 문에서도 빛이 들어온다. 거실과 식당 곳곳에 적당한 빛이 들어와 4인 가족 개개인의 공간을 만들어 준다.

> **이치카와의 집**
> 지바 현 이치카와 시
> 부지 면적 / 284.84㎡
> 건축 면적 / 108.10㎡

식당에서 거실, 정원을 바라본 모습. TV 위에 있는 수납장에 튜너 등의 기기를 수납했다.

거실 · 주방 · 식당의 연결

거실·식당·주방을 하나의 공간에 모으면서 공간이 넓어 보이도록 만들기 위해 조리대 높이(800mm)보다 높은 가구는 두지 않도록 설계했다(141페이지).

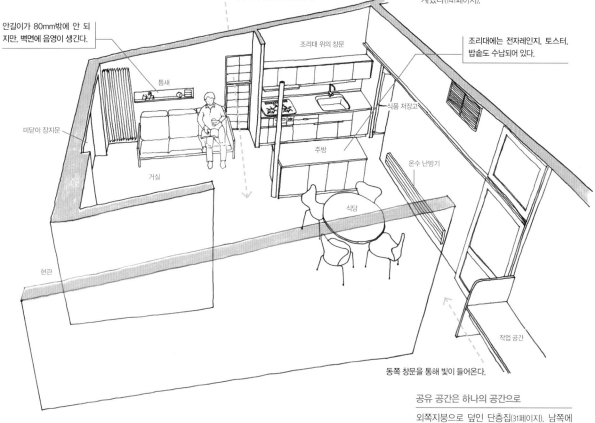

서쪽에서 빛을 받아들인다.

안길이가 80mm밖에 안 되지만, 벽면에 음영이 생긴다.

조리대 위의 창문

조리대에는 전자레인지, 토스터, 밥솥도 수납되어 있다.

미닫이 장지문

틈새

식품 저장고

거실

주방

온수 난방기

현관

식당

작업 공간

동쪽 창문을 통해 빛이 들어온다.

공유 공간은 하나의 공간으로

외쪽지붕으로 덮인 단층집(31페이지). 남쪽에 거실 등의 공유 공간을, 북쪽에 침실 등의 사적인 방을 배치했다.

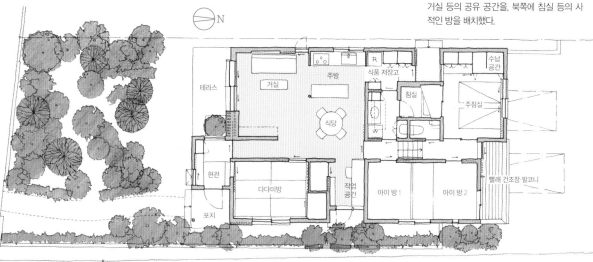

N

테라스

거실

주방

식품 저장고

R

수납 공간

침실

주침실

현관

식당

다다미방

작업 공간

아이 방1

아이 방2

빨래 건조장·발코니

포치

단층집 특유의 넓은 천장을 활용한 거실·식당·주방. 가격과 디자인의 균형이 좋고 나뭇결에 힘이 있는 나왕 합판을 사용했다. 서쪽의 단창(段窓)은 알루미늄 새시+장지문. 높이 약 2m×폭 약 0.7m이며, 빛을 효율적으로 받아들인다.

사다리의 포인트

아이들도 쉽게 오르내릴 수 있도록 발판과 발판 사이의 높이를 300mm
로 조금 낮게 만들고 최상부(FL+700mm)에 들메나무 손잡이를 달았다.
또한 필요할 때는 닫을 수 있도록 덮개를 설치했다.

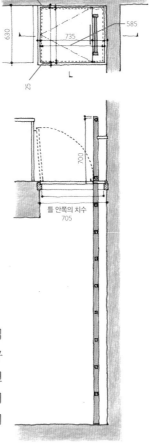

21

가로로도 세로로도
회유할 수 있는 집

이 집에는 부부와 자녀 3명의 5인 가족이 살고 있다. 거실·식
당·주방 옆에는 컴퓨터 공간을 겸한 작업 공간이 있고 피아노 공
간과 서재 코너를 겸한 작은 방도 있다 보니 자녀의 방은 작은 편
이다. 자녀의 방으로는 10제곱미터 정도의 2인용 방과 8제곱미
터 정도의 1인용 방을 마련했다. 가족 개개인의 공간이 여기저기
에 있는 집인 것이다.

같은 집에 사는 사람의 수가 늘어나도 때와 상황에 맞춰 서로
의 거리를 조절할 수 있도록 설계한다. 이 집의 경우 같은 층뿐만
아니라 상하층으로도 우회할 수 있는 구조를 생각했다. 때로는
식당에서 아버지에게 혼이 난 아이가 다른 곳으로 자리를 피하
고 싶은 경우도 있을 것이다. 자매나 남매가 싸웠을 때도 마찬가
지다. 그럴 때는 거실을 지나 계단을 내려가지 않아도 작업 공간
의 사다리를 내려가면 자신의 방으로 갈 수 있다. 사다리 통로에
는 열고 닫을 수 있는 뚜껑이 달려 있다. 빛과 먼지가 내려오지 않
도록 사다리 부분도 물푸레나무로 막아 놓았다.

1층과 2층을 연결한 '우회할 수 있는 동선'은 아이들이 좋아
하는 '비밀 기지 만들기'의 연장선상에 있는 발상인지도 모른다.

니자의 집

사이타마 현 니자 시
부지 면적 / 112.85㎡
건축 면적 / 60.26㎡

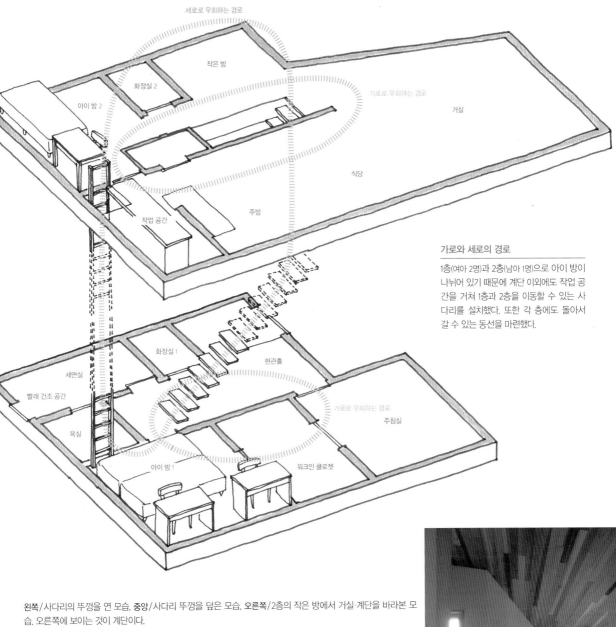

세로로 우회하는 경로

작은 방

화장실 2

아이 방 2

가로로 우회하는 경로

거실

식당

작업 공간

주방

화장실 1

현관홀

세면실

빨래 건조 공간

가로로 우회하는 경로

주침실

욕실

아이 방 1

워크인 클로젯

가로와 세로의 경로

1층(여아 2명)과 2층(남아 1명)으로 아이 방이 나뉘어 있기 때문에 계단 이외에도 작업 공간을 거쳐 1층과 2층을 이동할 수 있는 사다리를 설치했다. 또한 각 층에도 돌아서 갈 수 있는 동선을 마련했다.

왼쪽/사다리의 뚜껑을 연 모습. **중앙**/사다리 뚜껑을 덮은 모습. **오른쪽**/2층의 작은 방에서 거실·계단을 바라본 모습. 오른쪽에 보이는 것이 계단이다.

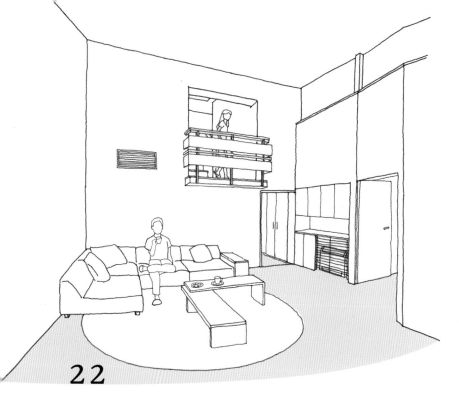

후키누케를 통해 세로로 연결한다

거실 남쪽에서 계단참의 개구부를 바라본
모습. 거실 넓이는 4.95×4.95m, 천장 높이
는 4.82m. 오른쪽 위에는 2층 아이 방 앞의
복도가 있다.

후키누케는 아이를
사려 깊은 사람으로 성장시킨다

　자칫하면 층별로 분리되기 쉬운 집 안에 후키누케를 만드는 것은 생활 속에 다
양한 시점을 만들어낼 수 있는 매력적인 방법이다. 특히 아이들은 '높이의 변화'
에 민감해서, 2층 침대 상단이나 로프트를 자기가 사용하겠다며 싸우거나 계단
혹은 계단참을 놀이터로 삼는다. 밖으로 나가면 학교나 사찰 등에서 수 센티미터
높이 차이를 이용해 '술래잡기'를 하거나 '가위바위보'를 하면서 타이어를 뛰어
넘고 계단을 오른다. 집 안에도 아이들이 좋아하는 장소나 놀이터가 있어서 계단
이나 계단참 이외에도 테이블 밑이나 벽장, 아이들밖에 들어가지 못하는 좁은 공
간에서 놀고는 한다.

　계단이나 계단참, 후키누케는 성장 과정의 아이에게 시점이나 규모의 변화를
가져다주는 장치로서 매우 중요한 존재라는 느낌이다. 계단참에서 거실을 내려다
보면 '형이 엄마에게 꾸지람을 듣고 있으니 지금은 가까이 가지 말자', '지금은 동
생들이 비디오 게임을 하느라 TV를 점령하고 있는 것 같다' 등 타인과의 관계 변
화나 그것에 어떻게 대응해야 할지를 파악하는 시점과 주저하는 틈이 생겨난다.
요즘 식으로 말하면 '분위기를 파악한다'고나 할까? 이것이 좋은 것인지 나쁜 것
인지는 둘째 치고, 후키누케는 아이를 '분위기를 파악할 줄 아는 사람'으로 성장
시키는 공간인지도 모른다.

구시히키의 집 |

사이타마 현 사이타마 시
부지 면적 / 293.86㎡
건축 면적 / 151.20㎡

왼쪽/2층 아이 방 앞에서 거실을 내려다본 모습. 오른쪽에 보이는 것은 거실 쪽으로 튀어나오도록 설치한 계단참이다. 오른쪽/계단 위에서 계단참과 거실의 개구부를 바라본 모습

계단과 후키누케의 관계

거실을 향해 튀어나온 계단참이 집 안에 다양
한 시점을 만들어낸다.

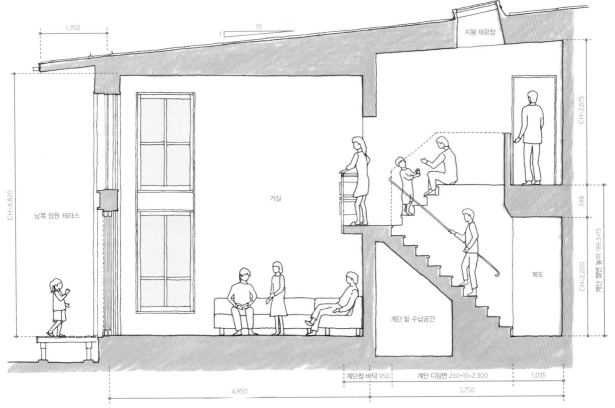

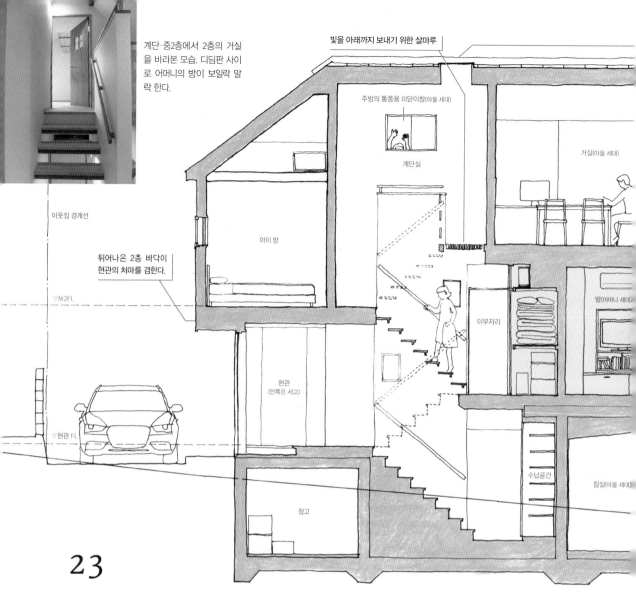

계단·중2층에서 2층의 거실을 바라본 모습. 디딤판 사이로 어머니의 방이 보일락 말락 한다.

빛을 아래까지 보내기 위한 살마루

주방의 통풍용 미닫이창(아들 세대)

계단실

거실(아들 세대)

이웃집 경계선

아이 방

튀어나온 2층 바닥이 현관의 처마를 겸한다.

이부자리

방(어머니 세대)

▽M2FL

현관
(안쪽은 서고)

수납공간

▽현관 FL

침실(아들 세대)

창고

23

어머니를 둘러싸고 지켜보는 생활

최근에 핵가족화가 진행된 데는 여러 사정이 있겠지만, 여러 세대가 적당한 거리감을 유지하면서 함께 살 수 있다면 참으로 멋질 거라는 생각이 든다. 나도 처음 자녀를 키울 때는 떨어져 사는 부모님과 당시 살았던 아파트의 이웃 주민들에게 많은 도움을 받았다. 직장이나 집의 넓이가 같은 조건만 허락한다면 부모님과 가까운 곳에서 살고 싶다는 생각이 들었다.

이 주택은 80대를 맞이한 어머니가 아들 가족과 함께 살기 위해 본래 있던 집을 허물고 새로 지은 것이다. 부지

는 요코하마 시 롯카쿠바시의 경사진 지역에 위치하고 있다. 남북 방향으로 1.5미터 정도 고저 차가 있는 토지다. 본래 있었던 집에는 비탈길 중간에서 현관으로 이어지는 진입로에 단 높이가 25센티미터나 되는 계단이 있었다. 천성적으로 다리가 튼튼한 어머니는 2층을 청소하고 빨래를 널기 위해 하루에도 몇 번씩 계단을 오르내렸다고 한다.

먼저, 약 97제곱미터의 건축 규제가 심한 토지에 4인 가족이 생활할 수 있는 넓이를 확보하기 위해 지하층을

상단 채광창은 채광뿐만 아니라 생활 속의 냄새를 배출하는 역할도 한다.

어머니 세대의 거실은 글쓰기 자료를 펼쳐 놓을 수 있도록 다다미 바닥으로 만들었다. 높이를 살짝 높여 식탁 의자 역할도 겸하게 했다.

다다미 바닥 아래는 수납공간

▽2FL

▽1FL

남쪽 정원

전면 도로의 기울기

▽BFL

계단실은 가족의 교차로

현관에서 가장 접근성이 좋은 중간층을 어머니 세대의 거처로 삼고, 상하 공간을 아들 세대의 거주 공간으로 만들었다. 아침저녁에 계단을 이용할 때 가족 모두가 어머니의 모습을 지켜볼 수 있다.

롯카쿠바시의 집

가나가와 현 요코하마 시
부지 면적 / 96.86㎡
건축 면적 / 48.00㎡

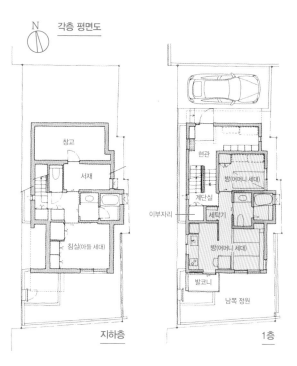

각층 평면도

N

창고

서재

침실(아들 세대)

지하층

현관

방(어머니 세대)

계단실

이부자리

세탁기

방(어머니 세대)

발코니

남쪽 정원

1층

아이 방

냉장고

세탁기

거실(아들 세대)

발코니

2층

만들고 고저 차를 이용해 5개의 바닥으로 구성되는 스킵 플로어(스플릿 플로어)를 계획했다. 그러나 문제는 그 바닥을 '누가 어떻게 사용할 것인가?'였다. 우리는 지하 1층과 지상 1층을 어머니가 사용하고 중2층 이상은 아들 가족이 사용할 거라 상상했는데, 건축주의 대답은 '중2층을 어머니의 거처로 삼고 아들 가족이 어머니를 둘러싸듯이 나머지 공간을 사용한다'는 것이었다.

어머니의 공간은 30제곱미터 정도다. 취미인 글쓰기를 위해 방에는 다다미를 깔고, 식탁 의자로 활용할 수 있도록 바닥을 살짝 높였다. 현관홀에는 가족이 공유하는 서고가 있다.

계단실은 이 집의 도로 같은, 교차로 같은 장소가 되었다. 상부 채광창에서는 오늘도 햇볕이 내려와 가족을 비춘다.

거실과 식당을 느슨하게 연결하는 계단. 계단을 벤치처럼 이용할 수 있도록 디딤판의 치수를 450mm로 넓게 잡았다.

24

고저 차를
이용해서
공간을 나눈다

일본의 집에는 거실에 소파가 있어도 어느덧 모두가 바닥에 앉아 생활하는 경우가 종종 있다. 처음에는 소파에 앉아 이야기를 나누지만, 한 명 두 명 사람이 늘어나면 누군가가 바닥에 앉는다. 그러면 서서히 모두가 바닥에 앉게 되고, 결국 테이블을 치우고 둥글게 둘러앉아 이야기꽃을 피웠던 경험이 있을 것이다. 일본인에게 상대와 시선의 높이를 맞추는 것은 친밀한 커뮤니케이션에 반드시 필요한 요소인지도 모른다.

이 집은 3세대 6명이 생활한다는 전제로 설계한 것이다. 친척들이 모이면 10명 이상이 테이블에 둘러앉는 경우도 생길 수 있다. 그래서 식당에 있는 테이블의 벽 쪽에 벤치를 만들어 이쪽에서도 6, 7명이 테이블에 둘러앉을

도고의 집
아이치 현 아이치 군
부지 면적 / 382.87㎡
건축 면적 / 120.48㎡

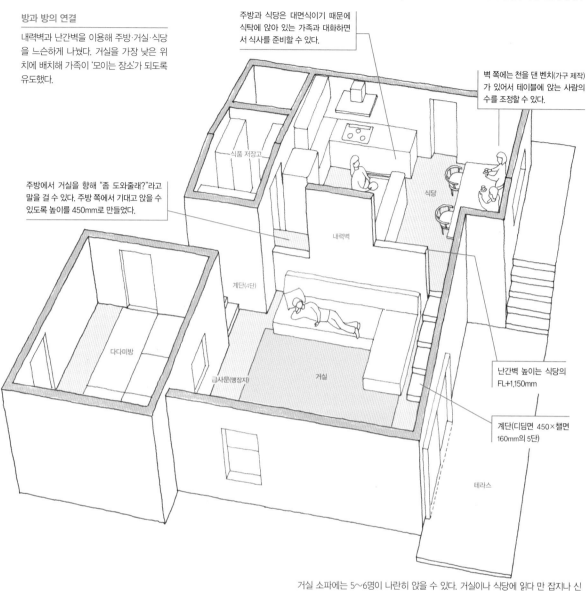

방과 방의 연결

내력벽과 난간벽을 이용해 주방·거실·식당을 느슨하게 나눴다. 거실을 가장 낮은 위치에 배치해 가족이 '모이는 장소'가 되도록 유도했다.

주방과 식당은 대면식이기 때문에 식탁에 앉아 있는 가족과 대화하면서 식사를 준비할 수 있다.

벽 쪽에는 천을 댄 벤치(가구 제작)가 있어서 테이블에 앉는 사람의 수를 조정할 수 있다.

주방에서 거실을 향해 "좀 도와줄래?"라고 말을 걸 수 있다. 주방 쪽에서 기대고 앉을 수 있도록 높이를 450mm로 만들었다.

식품 저장고

식당

내력벽

계단(4단)

다다미방

급사문(맹장지)

거실

난간벽 높이는 식당의 FL+1,150mm

계단(디딤면 450×챌면 160mm의 5단)

테라스

거실 소파에는 5~6명이 나란히 앉을 수 있다. 거실이나 식당에 읽다 만 잡지나 신문이 널브러져 있지 않도록 틈새를 이용해 잡지꽂이를 설치했다.

수 있게 했다.

　취향과 인원수에 맞춰 장소를 나눠서 사용하는 것은 대가족만이 누릴 수 있는 즐거움이다. 가족이 자연스럽게 모이는 장소가 넓게 느껴지도록 인접한 공간과 분리시키지 않고 한 단이 낮은 같은 공간처럼 보이게 했다. 난간 벽을 살짝 높게 만들어 시선을 제한하기는 했지만, 기본적으로 시선의 높이 차를 이용해 공간을 나눴다. 거실 바닥은 원래부터 부지에 있던 단차를 이용해 낮게 만들고, 테라스를 통해 정원과 연결했다.

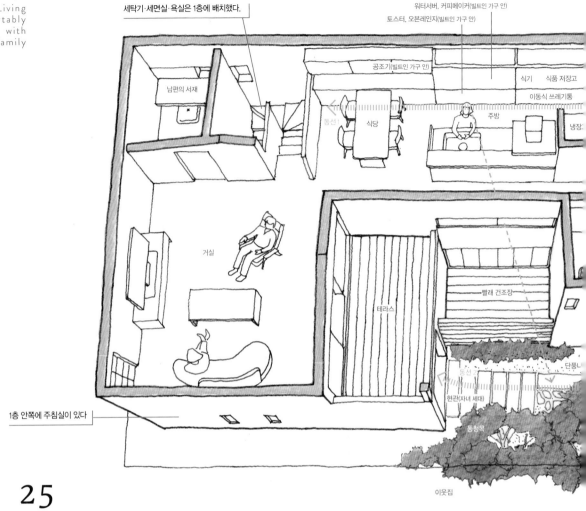

세탁기·세면실·욕실은 1층에 배치했다.

워터서버, 커피메이커(빌트인 가구 안)

토스터, 오븐레인지(빌트인 가구 안)

공조기(빌트인 가구 안)

식기   식품 저장고

이동식 쓰레기통

남편의 서재

동선1   식당   주방   냉장고

거실

테라스

빨래 건조장

단풍나무

동선2

현관(자녀 세대)

동청목

1층 안쪽에 주침실이 있다

이웃집

25

정靜과 동動의 동선이
생활의 축이 된다

이 집에는 남쪽 끝과 북쪽 끝에 각각 부부의 작업실이 있다. 작업과 집안일을 동시에 처리하는 아내의 동선을 최대한 짧게 만들기 위해 아내의 작업실과 주방을 붙여 놓았다. 동선의 양쪽으로 이동하면서 작업이나 집안일을 함으로써 논문 집필과 요리를 동시에 할 수 있는 구조다. 또한 집필이 길어질 때를 대비한 약 5제곱미터의 휴식용 공간도 딸려 있다.

평소에는 각자 바쁘게 생활하는 가족 3명이 취사나 식사를 하는 동안 주방·식당 주변에 모여 자연스럽게 단란한 한때를 보낼 수 있는 거리감을 중요하게 생각했다. 조리대 반대쪽에 설치한 접이식 카운터도 이를 위한 궁리 중 하나다. 아이나 남편이 각자 다른 시간대에 아침 식사를 할 때는 요리를 하면서 대화를 나

히가시타마가와의 집

도쿄 도 세타가야 구
부지 면적 / 152.06㎡
건축 면적 / 75.94㎡

가족을 연결하는 2개의 축

진입로와 테라스 같은 외부도 집의 일부다.
'정(靜)'의 동선은 외부 골목에서 1층 침실,
2층 거실까지 이어져 있다. '동(動)'의 동선은
집안일을 하면서 오가는 2층의 동선이다.

내의 서재

휴식·가면용 다다미방(4.95㎡)

장

아이 방

서비스 룸

현관(부모 세대)

층층나무

황매화·단풍철쭉

이웃집의 남천

아내의 서재 앞쪽 통로에서 주방·식당을 거쳐 거실을 바라
본 모습. 수납식 카운터를 꺼내면 아침 식사를 하는 공간이
된다.

눌 수 있으며, 상을 차리고 치우는 시간도 단축된다.

집을 남북으로 관통하는 축은 하나 더 있다. 앞에서 이야기한 가
사(家事)축과 병행한, 골목에서부터 거실을 연결하는 축이다. 거실과
주침실을 골목의 종점에 배치한, 가사축과는 달리 가족이 '안식'을
얻기 위한 축이라고나 할까? 휴식 장소를 '바쁜' 축으로부터 떨어트
리고, 휴식 장소에서 보이는 골목의 '녹색이 있는 풍경'에 원근감을
만들어냈다.

진입로를 겸하는 골목은 거리를 걷는 사람들에게 열려 있을 뿐만
아니라 집 안쪽에서 바깥쪽으로 펼쳐지는 '집 구조'의 일부이다.

2개의 동선이 교차하는 거실. '동의 동선'
과는 떨어져 있기 때문에 차분함이 느껴
지는 공간이 되었다.

지나갈 수 있는
이불장

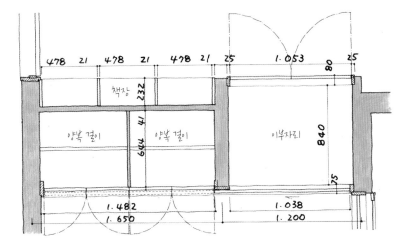

이불장의 평면 상세도

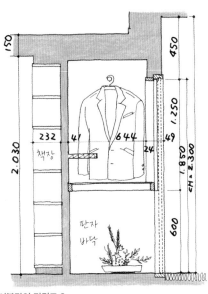

이불장의 단면도 2

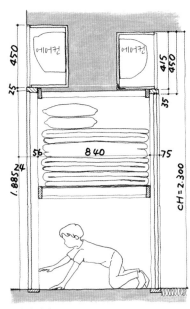

이불장의 단면도 1

간토 지역의 집은 이불장의 미서기 맹장지문을 열었을 때 85~86센티미터에 불과한 개구부에 폭이 100센티미터 정도인 큰 이부자리를 집어넣어야 한다. 어릴 적에 부모님 침구를 이불장에 넣을 때 이부자리 모서리를 U자로 접어서 넣는데도 툭하면 맹장지문에 부딪히거나 종이를 긁는 것이 너무나 싫었다.

이전에 건축가 요시무라 준조의 집 별채에서 살았던 적이 있다. 30제곱미터 정도의 좁은 공간이었는데, 이불장의 폭은 102센티미터 정도이고 외문이 달려 있었다. 이

것을 보자 '뭐야, 이렇게 하면 되는 거였잖아?'라는 생각이 들었다. 콜럼버스의 달걀 같은 깨달음을 얻은 기분이었다. 여기에서 한 발 더 나아가 '맹장지문을 벽 안쪽으로 집어넣을 수 있도록 만들면 이부자리를 넣을 때 문에 부딪혀서 스트레스를 받을 일도 없겠지'라는 생각으로 만든 것이 사쿠라신마치의 집에 있는 이불 수납공간이다. 다다미방 옆에 있는 아이 방 침대용 침구는 크기가 작으므로 양쪽 방에서 모두 사용할 수 있는 수납공간으로 만들었다.

주침실인 다다미방의 넓이는 약 7.4㎡. 수납공간 아래는 판자 바닥으로 만들어 공간이 넓어 보이게 했다.

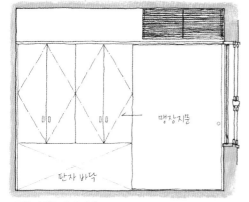

문을 닫았을 때의 전개도

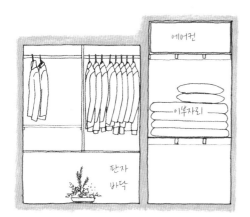

문짝을 떼어낸 내부

다다미방이 없는 집도 많은 오늘날에는 이부자리를 보관할 장소를 확보하는 데 어려움을 겪는 경우가 있다. 손님용으로 전통식 이부자리를 준비해 놓는 가정이 많은데, 폭 105센티미터에 깊이 84센티미터 정도를 확보하면 이부자리를 편하게 수납할 수 있다. 또한 이 집처럼 의류 수납공간과 책장을 벽 속으로 집어넣으면 이불 수납장과 나란히 배치해 벽면을 깔끔하게 사용할 수 있다.

아이 방에서 다다미방을 바라본 모습. 양쪽에서 열 수 있어 이불장을 통과해 건너편 방으로 갈 수 있을 뿐만 아니라 이부자리를 넣기도 편하다.

방은 유연하게
생각한다

왼쪽/포치 안쪽 자전거 거치장에서 반대쪽에 있는 창고의 문을 바라본 모습　오른쪽/처마를 깊게 만듦으로써 만들어지는 그늘이 도로에서의 시선으로부터 현관 앞을 지켜 주는 역할도 한다.

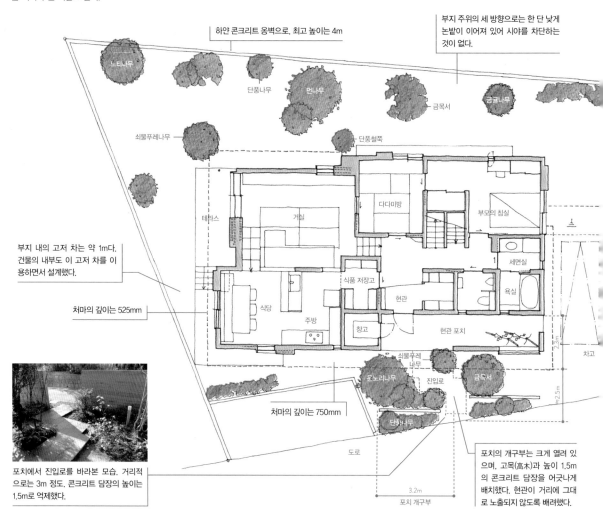

하얀 콘크리트 옹벽으로, 최고 높이는 4m

부지 주위의 세 방향으로는 한 단 낮게 논밭이 이어져 있어 시야를 차단하는 것이 없다.

노티나무

단풍나무

먼나무

금목서

금귤나무

쇠물푸레나무

단풍철쭉

테라스

거실

다다미방

부모의 침실

부지 내의 고저 차는 약 1m다. 건물의 내부도 이 고저 차를 이용하면서 설계했다.

처마의 깊이는 525mm

식품 저장고

세면실

욕실

식당

현관

주방

창고

현관 포치

쇠물푸레나무

옹노리나무

금목서

진입로

처마의 깊이는 750mm

단풍나무

포치에서 진입로를 바라본 모습. 거리적으로는 3m 정도. 콘크리트 담장의 높이는 1.5m로 억제했다.

차고

2.3m

2.5m

도로

3.2m

포치 개구부

포치의 개구부는 크게 열려 있으며, 고목(高木)과 높이 1.5m의 콘크리트 담장을 어긋나게 배치했다. 현관이 거리에 그대로 노출되지 않도록 배려했다.

처마의 보호를 받는 포치

차고로 이어지는 통로나 자전거 거치장
으로도 사용되는 처마 밑의 포치. 현관
벽면에서 처마 끝까지의 깊이는 2.3미터
로, 비가 내려도 안심할 수 있다.

26

현관 앞쪽을 그늘로 보호한다

내게는 가능하다면 사람의 시선과 기척을 완전히 차단하는 담장이나 문을 설치하지 않고 '진입로를 주위에 열어 놓고 싶다'는 바람이 있다. 그러나 도로를 향해 현관문을 직접 드러낼 수밖에 없는 경우 도로를 오가는 사람들의 시선이 신경 쓰일 수밖에 없다. 그럴 때는 건물에 벽감(움푹 들어간 공간)을 만들고 그 안에 현관문을 설치하거나 처마로 현관문을 그늘 속에 감춰 통행인의 시선으로부터 집을 보호해 왔다.

이 집은 현관이 도로 쪽을 향하고 있을 뿐만 아니라 도로로부터 거리를 확보할 수도 없었기 때문에 깊이가 있는 회랑 형태의 포치를 설치해 현관 앞이 항상 그늘 속에 있도록 계획했다. 3.2미터로 넓게 잡은 포치의 개구부는 현관 앞에서 우산을 펼치거나 하는 시간적인 '틈'과 일순간이지만 어두컴컴하면서 조용한 그림자를 드리우는 공간적인 '틈'을 만들어낸다. 처마 밑 공간은 양쪽 끝에 창고와 자전거 거치장을 갖추고 있으며, 비가 오는 날에도 비에 젖지 않고 현관과 차고를 오갈 수 있게 하는 기능적인 역할도 한다.

때로는 건물 안팎에 생기는 음영의 강약에 주목하면서 '방 배치'를 생각해 보는 것도 즐겁다.

도고의 집

아이치 현 아이치 군
부지 면적 / 382.87㎡
건축 면적 / 120.48㎡

현관을 감추는 벽과 진입로

도로에서 현관이 직접 보이지 않도록 진입로를 지그재그로 배치했다. 일부러 현관문을 만들지 않고 개구부가 넓은 포치를 자연스럽게 감추는 형태로 노출 콘크리트 벽을 엇갈리게 설치했다. 정원 조성은 아오키 작정사(作庭舍)가 담당했다.

진입로에서 현관문을 바라본 모습. 돌을 깐 부분이 주차장이다.

그리피스물푸레나무

2층(거실·식당·주방·가족실 등. 현
관으로 가려면 반 층을 내려간다.)

자전거 거치장

주차장

도로

진입로를 겸하기에 주차장 폭이 부족했
다. 그래서 콘크리트 계단을 허물고 건물
과의 사이를 메워서 진입로로 사용했다.

포치는 옹벽과 건물 본체를 연결
하는 가교가 되었다.

본래 이 장소에 있었던 옹벽

27

현관이 된 계단참

　이 집의 부지는 남쪽을 향해 내려가는 비탈면 중턱에 조성된 콘크리트 토대에
자리하고 있다. 도로와 같은 높이에 있는 주차장 옆으로 콘크리트 계단이 만들어
져 있었다. 도로보다 약 2미터 낮은 평지에 현관을 설치한다는 전제에서 조성된
부지이지만, 어떻게 해서든 도로에서 계단을 내려가지 않고 수평으로 접근할 수
있게 만들고 싶었다. 안 그래도 가장 가까운 역에서 이 집에 오는 경로에는 기나긴
오르막길이 계속되는데, 현관에 드나들기 위해 계단까지 오르내려야 한다면 비나
눈이 내리는 날 가족의 부담이 너무 커진다고 느꼈기 때문이다.

　그래서 계단의 계단참을 주차장 높이에 맞춰 조정하고 현관으로 삼았더니, 재
미있게도 주차장 안쪽에 남는 낮은 지면의 넓이가 계단실에 딱 맞았다. 그리고 현
관을 이용해 반 층씩 스킵한다는 아이디어를 기점으로 전체 계획이 결정되었다.

　역할을 잃어버린 건물과 주차장 사이의 콘크리트 계단은 해체해서 진입로로
만들었다. 계단참 위아래에 생긴 공간은 위를 로프트, 아래를 남편의 취미용 방으
로 활용했다.

하세의 집

가나가와 현 가마쿠라 시
부지 면적 / 165.19㎡
건축 면적 / 54.63㎡

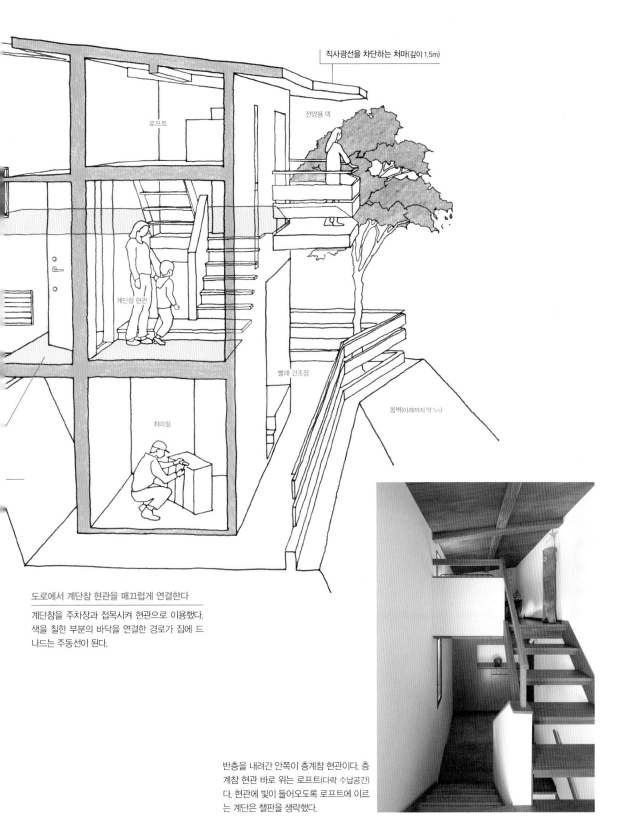

직사광선을 차단하는 처마(깊이 1.5m)

로프트

전망용 덱

계단참 현관

빨래 건조장

옹벽(아래까지 약 5m)

취미실

도로에서 계단참 현관을 매끄럽게 연결한다
계단참을 주차장과 접목시켜 현관으로 이용했다.
색을 칠한 부분의 바닥을 연결한 경로가 집에 드
나드는 주동선이 된다.

반층을 내려간 안쪽이 층계참 현관이다. 층
계참 현관 바로 위는 로프트(다락 수납공간)
다. 현관에 빛이 들어오도록 로프트에 이르
는 계단은 챌판을 생략했다.

현관을 공유하는 2세대 주택

외출 시의 편의성을 고려해 어머니 세대가 1층, 자녀(건축주) 세대가 2층을 사용하게 했다. 현관 포치와 포치 위에 설치한 2층 테라스는 의도적으로 튀어나오게 만들어 남쪽 정원과 산책로의 풍경을 즐길 수 있게 했다(112페이지 참조).

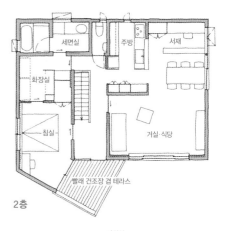

2층

1층

28

집의

남북을 관통하는

현관

1층은 어머니, 2층은 건축주 부부의 거주 공간이다. 가족의 공용 현관을 남북으로 관통시켜 빛과 바람이 잘 드는 '거대한 수납공간'으로 삼는다는 계획으로 설계했다. 2층으로 올라가는 계단의 챌판을 없앰으로써 가족의 움직임이 잘 보일 뿐만 아니라 집에 있을 때는 현관을 통해 목소리나 다른 소리가 전해진다. 또한 귀가했을 때 자연스럽게 어머니의 상태를 살필 수도 있다.

외출하기 위한 동선을 고려해 어머니 방을 현관 옆에 배치했다. 방의 출입구를 집 안쪽에 있는 물 쓰는 시설 쪽에 설치해 이용하기 편하게 하고, 현관과 방 사이에 수납 공간을 배치해 안정감을 줬다. 또한 포치를 2층 빨래 건조장 겸 테라스 아래에 넣어 자동차를 배웅하거나 마중할 때 비에 젖지 않고 현관을 드나들 수 있다.

도로의 시선으로부터도 보호받는 구조로 만들었다. 지붕과 벽이 있는 포치가 지나치게 어두워지지 않도록 남쪽 정원과의 사이를 목제 세로 격자로 구분했다. 덕분에 포치에서 정원의 단풍나무를 볼 수 있다.

니시하라의 집

도쿄 도 시부야 구
부지 면적 / 144.70㎡
건축 면적 / 85.72㎡

현관은 가족 공유로, 계단 쪽 벽에 신발을 신고 벗을 때 편리한 목제 벤치를 설치했다. 안쪽 막다른 곳의 수납공간에는 트렁크 등 여행 용품을 수납했다. 오른쪽 격자문은 여닫이창과 조합해 현관에 독립적인 환기 경로를 확보했다.

계단에서 서재로 들어가는 경로

공간에 제한이 있는 계단의 굽어지는 부분에서
7번째 혹은 8번째 단을 발판 삼아 서재로 들어갈
수 있도록 수없이 스케치를 그리며 검토를 거듭했
다. 계단은 조명을 관리할 때 발판으로도 기능한다.

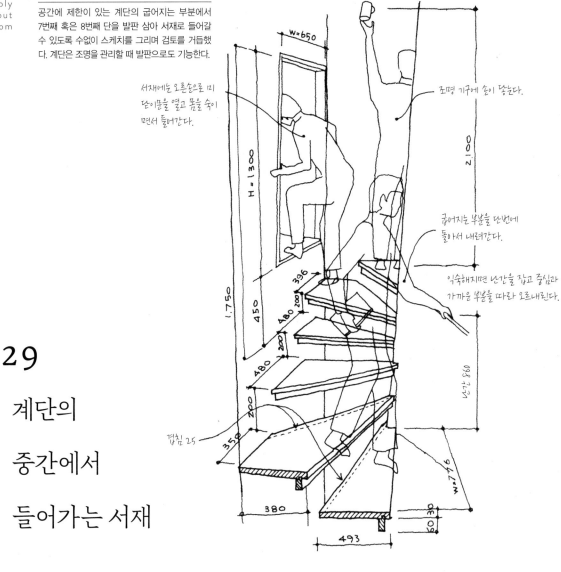

서재에는 오른손으로 미
닫이문을 열고 몸을 숙이
면서 들어간다.

조명 기구에 손이 닿는다.

굽어지는 부분을 단번에
돌아서 내려간다.

익숙해지면 난간을 잡고 중심과
가까운 부분을 따라 오르내린다.

29

계단의
중간에서
들어가는 서재

계단을 중심에 둔 작은 집. 설계 당시, 남편의 서재
를 어디에 만들지 결정하지 못해 고민에 빠졌다. 2층
주침실을 경유해 서재로 들어가는 형태로 설계했지
만, "논문 등을 집필할 때는 가족이 잠을 자는 밤중
에도 서재를 사용하기 때문에 침실과 출입구를 분리
하고 싶습니다"라는 남편의 요청이 있었다. 안 그래
도 집이 작아서 바닥 면적과 각 방의 크기를 허용 가
능한 최대 수준까지 확보해야 하는데 2층에 복도를
설치해 서재 입구를 독립시키면 다른 방에 적지 않은

영향을 끼치기 때문에 설계 전체가 삐걱댈 수밖에 없
었다. 그래서 이 문제를 어떻게 해결해야 할지 고민에
빠졌다. 그런데 어느 순간 '1층에서 2층으로 올라가
는 계단 중간 굽어지는 부분에서 직접 현관 위 서재
로 드나들 수 있게 만들면 어떨까?'라는 아이디어가
떠올랐다.

계단의 굽어지는 부분에서는 6분할한 디딤판이
바깥쪽을 향해 방사형으로 커지므로 디딤판(8번째
단)을 서재 입구 발판으로 사용하면 어떻게든 될 것

각 층의 구조

각 층의 면적은 약 30㎡. 각 층 모두 방을 연결하는 복도를 설치하지 않고 계단을 중심으로 동서로 방을 배치해 공간을 효과적으로 활용했다.

서재의 책상 공간을 바라본 모습. 앉았을 때 시선이 밖으로 빠져나갈 수 있도록 북쪽에 작은 창을 설치했다. 건축주의 요청으로 좌식을 채용했다.

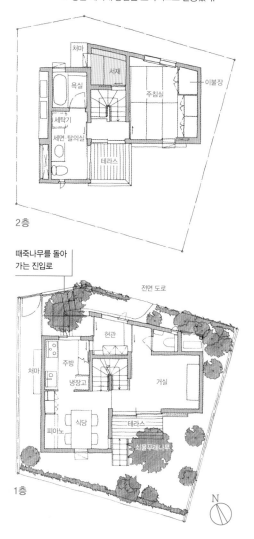

2층

때죽나무를 돌아 가는 진입로

전면 도로

1층

N

같았다. 디딤판은 물푸레나무 원목재를 사용했고, 계단 코 아랫부분을 가로목으로 받쳤으며, 오르내릴 때 발끝의 움직임을 고려해 챌판을 생략했다. 챌판을 없앰으로써 남쪽에서 들어오는 빛이 지하층에 닿게 되었다.

계단 뒤쪽 현관의 천장 높이를 2,060밀리미터로 억제하고 2층 바닥에서 550밀리미터 낮은 위치에 서재 바닥을 설치했다. 출입구는 1.3미터 높이의 약간 꺾어 들어가는 부분에 만들었으며, 폭 650밀리미터의 미닫이 문을 달았다.

다카이도의 집

도쿄 도 스기나미 구
부지 면적 / 80.00㎡
건축 면적 / 31.87㎡

계단 위에서 서재를 내려 다본 모습. 비밀 기지 같은 구조어서 아이들도 좋아하 는 놀이터가 되었다.

낡은 집 천장을 뜯어내고 들보(소나무)를 그대로 노출시켰다. 주방 카운터(물푸레나무)와 식탁(참나무 원목재), 벤치(참나무 원목재)는 빌트인 가구다.

30

위에서 내려오는
빛이 생활을 변화시키다

이 집은 도로 폭이 좁아 자동차가 들어올 수 없는 주택지 한구석에 자리하고 있다. 이웃집과의 거리도 50센티미터가 될까 말까 할 만큼 좁아서, 1층과 2층 모두 이웃집에 막혀 빛과 바람이 충분히 들어오지 못하는 상황이었다. 게다가 지은지 40년이 넘어 지붕과 벽의 손상이 진행되고 있었으며, 내진 성능에도 불안감이 있었다. 다만 집을 허물고 새로 지을 경우 현재보다 상당히 작은 집이 되어 버리기 때문에 골격을 남긴 채 내진 보강을 포함한 풀 리노베이션을 실시했다.

먼저, 지금까지 대낮에도 빛이 들어오지 않아 어두웠던 1층의 거실·식당은 2층으로 옮기고 응접실과 침실, 욕실을 1층에 배치하기로 계획했다. 채광·통풍을 얻기에 효과적인 창문 위치를 찾기 위해 기존 창문의 크기와 위치를 입면에 집어넣고 이웃집 처마 높이와 용적을 비교한 결과, 남쪽 벽면의 모든 기존 창문(다음 페이지 입체도의 1점 쇄선 부분)이 이웃집에 막혀 채광과 통풍에 도움이 안 됨이 판명되었다. 그래서 이웃집 처마보다 높은 2층 지붕틀 높이에 빛과 바람을 직접 실내로 끌어들이는 상부 채광창을 설치했고, 식당과 주방은 이 창문의 효과를 공유하기 위해 하나로 합쳤다.

주방은 빛과 바람이 차단되지 않도록 벽 쪽 가구 높이를 억제했기 때문에 깔끔해 보인다. 식당 천장은 상부 채광창을 향해 기울였으며, 노출시킨 소나무 들보 2개는 식당의 개성이 되었다. 또한 계단 상부에 지붕 채광창을 설치했기 때문에 1층 계단 아랫부분까지 자연광이 닿아서 바닥을 밝게 비춰 준다.

(리노베이션)
스이도의 집

도쿄 도 분쿄 구
부지 면적 / 69.56㎡
건축 면적 / 48.36㎡

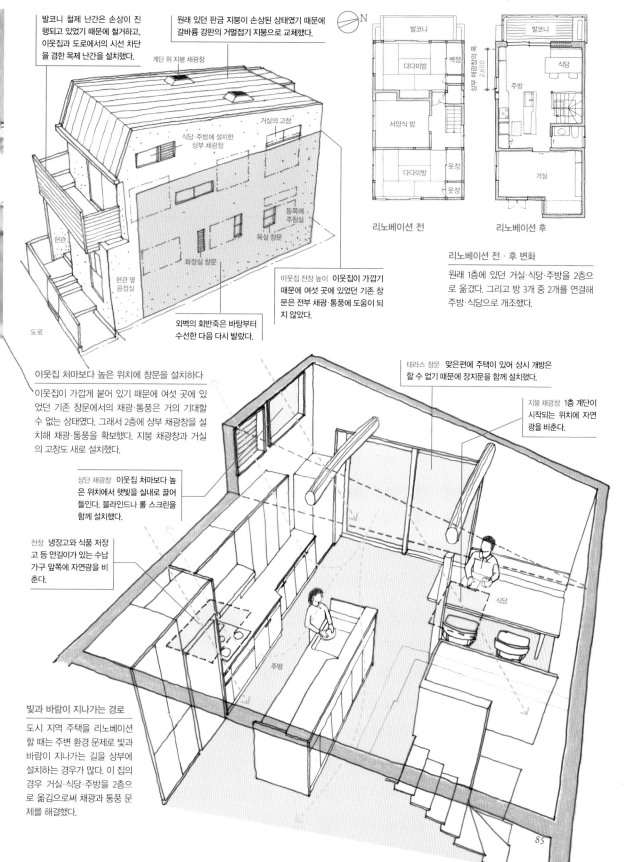

발코니 철제 난간은 손상이 진행되고 있었기 때문에 철거하고, 이웃집과 도로에서의 시선 차단을 겸한 목제 난간을 설치했다.

원래 있던 판금 지붕이 손상된 상태였기 때문에 갈바륨 강판의 거멀접기 지붕으로 교체했다.

N

계단 위 지붕 채광창

식당·주방에 설치한 상부 채광창

거실의 고창

동쪽에 주침실

욕실 창문

화장실 창문

현관

현관 옆 응접실

도로

이웃집 천장 높이 이웃집이 가깝기 때문에 여섯 곳에 있었던 기존 창문은 전부 채광·통풍에 도움이 되지 않았다.

외벽의 회반죽은 바탕부터 수선한 다음 다시 발랐다.

발코니
다다미방
벽장
서양식 방
옷장
다다미방
옷장

리노베이션 전

상부 채광창의 폭 2,600

발코니
식당
주방
거실

리노베이션 후

리노베이션 전·후 변화

원래 1층에 있던 거실·식당·주방을 2층으로 옮겼다. 그리고 방 3개 중 2개를 연결해 주방·식당으로 개조했다.

이웃집 처마보다 높은 위치에 창문을 설치하다

이웃집이 가깝게 붙어 있기 때문에 여섯 곳에 있었던 기존 창문에서의 채광·통풍은 거의 기대할 수 없는 상태였다. 그래서 2층에 상부 채광창을 설치해 채광·통풍을 확보했다. 지붕 채광창과 거실의 고창도 새로 설치했다.

테라스 창문 맞은편에 주택이 있어 상시 개방을 할 수 없기 때문에 장지문을 함께 설치했다.

지붕 채광창 1층 계단이 시작되는 위치에 자연광을 비춘다.

상단 채광창 이웃집 처마보다 높은 위치에서 햇빛을 실내로 끌어들인다. 블라인드나 롤 스크린을 함께 설치했다.

천창 냉장고와 식품 저장고 등 안길이가 있는 수납 가구 앞쪽에 자연광을 비춘다.

식당

주방

빛과 바람이 지나가는 경로

도시 지역 주택을 리노베이션할 때는 주변 환경 문제로 빛과 바람이 지나가는 길을 상부에 설치하는 경우가 많다. 이 집의 경우 거실·식당·주방을 2층으로 옮김으로써 채광과 통풍 문제를 해결했다.

식당에서 워크 카운터를 바라
본 모습. 정면 창문은 기존 창
문을 사용한 것이다. 오른쪽
테라스로 통하는 문은 새로
만들면서 기존에 있던 처마
위치까지 높였다.

31

집안일 동선을 연결하는
워크 카운터

　과거에는 방의 수가 많은 집이 좋은 집, 인기 많은 집이었다. 다만 그런 집들 중에는 채
광이나 통풍 같은 편의성이 좋지 않은 곳도 많다는 느낌이 든다. 리노베이션 의뢰를 받
은 이 집도 부족한 수납공간과 충분치 않은 단열 성능 등, 마음에 걸리는 부분이 한두
곳이 아니었다.

　리노베이션 의뢰를 받는 집은 대부분 '신 내진 기준'이라고 부르는 개정 건축 기준법
이 시행된 1981년이나 한신 아와지 대지진 피해 조사 결과에 입각해 새로운 기준이 시
행된 2000년 이전에 지어진 것들이다. 이 집도 지어진 지 41년 된 오래된 주택으로, 구
조에 약점이 있었다. 리노베이션 성과가 직접 눈에 보이지는 않는 부분이지만, 구조 보강
은 안전하고 건강하게 살기 위해 매우 중요한 일이다. 그래서 간이 내진 진단 결과를 바
탕으로 아라미드 섬유를 사용해 기초를 보강했으며, 상부 골조도 보강했다. 또한 여름
에는 시원하고 겨울에는 따뜻하게 생활할 수 있도록 외벽에 단열재를 새로 넣었다.

　예산 문제도 있어서 1층 중심으로 손을 댔지만, '무엇을 수납할 것인가?'를 생각하면
서 리노베이션 이전에 있었던 서비스 룸을 줄이는 대신 수납장을 그 면적만큼 적재적소
에 배치했다. 육아 중인 맞벌이 가족이기에 집안일의 효율은 가정을 운영하기 위한 중요
한 포인트이다. 따라서 부부가 함께 주방에서 일하며 자녀 숙제도 봐줄 수 있도록 거실·
식당·주방에 가족 공용 책상 공간을 만드는 등 각각의 용도에 맞는 장소를 효율적으로
연결해 스트레스를 줄이려고 했다. 전체 비용의 균형을 생각해 주방 조리대는 빌트인 제
작하고, 조리대와 마주한 수납공간은 목수에게 제작을 부탁했다.

(리노베이션)
주조나카하라의 집
도쿄 도 기타 구
부지 면적 / 97.15㎡
건축 면적 / 46.98㎡

리노베이션 이전·이후 비교

좁고 막혀 있던 주방을 회유 동선으로 만들었다. 주방 조리대와 PC 워크 카운터를 같은 안길이로 연결해 깔끔한 인상의 공간이 되었다.

리노베이션 이후(1층만)

리노베이션 이전(1층)

왼쪽/워크 카운터에서 주방 방향을 바라본 모습. 회유 동선이어서 부모와 아이들이 얼굴을 마주하기 쉽다.
오른쪽/주방 안쪽에서 워크 카운터 방향을 바라본 모습. 카운터 안길이는 600mm, 통로 폭 800mm, 오른쪽에 보이는 오픈 수납장은 안길이가 245mm로 얕지만 시인성이 높고 사용하기도 편하다.

이동하기 편한 동선이 지나가는 주방

서쪽의 작업 공간이 거실·식당과 주방을 연결하는 경로가 된다.

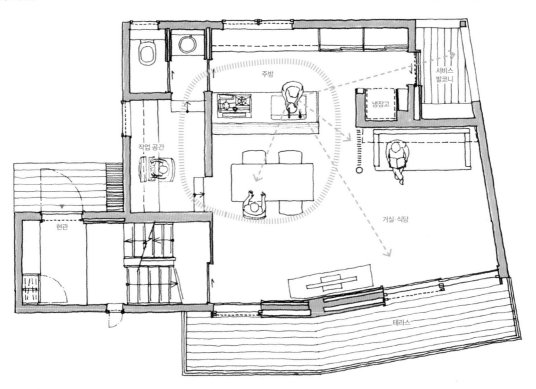

주방의 수납공간과 그 치수

최근에는 주방에서 사용하는 가전제품 수가 많기 때문에 그 가전제품들을 수납하기 위한 공간은 물론이고 그것을 올려놓고 사용할 카운터가 필요할 때도 많다. 가령 이 집의 경우 커피메이커, 커피밀, 전기 주전자, 커피 보관 용기 등을 꺼내 놓을 공간이 필요해서 카운터 폭을 2,352mm로 넓게 잡았다.

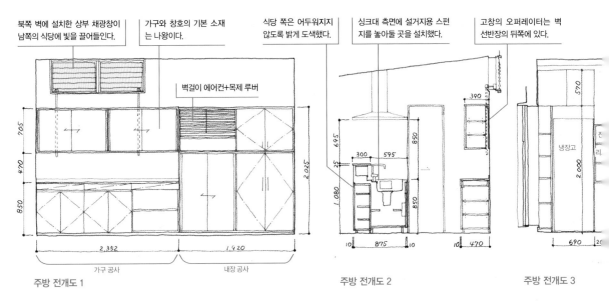

북쪽 벽에 설치한 상부 채광창이 남쪽의 식당에 빛을 끌어들인다.

가구와 창호의 기본 소재는 나왕이다.

식당 쪽은 어두워지지 않도록 밝게 도색했다.

싱크대 측면에 설거지용 스펀지를 놓아둘 곳을 설치했다.

고창의 오퍼레이터는 벽 선반장의 뒤쪽에 있다.

벽걸이 에어컨+목제 루버

주방 전개도 1

주방 전개도 2

주방 전개도 3

천장과 주방의 가구는 나왕. 바닥은 삼나무. 소재의 색조를 통일하기 위해 오일스테인으로 착색했다. 식탁은 여기에 맞춰 건축주가 선택한 티크 빈티지 제품이다.

32

일방통행 금지의 주방

하세의 집

가나가와 현 가마쿠라 시
부지 면적 / 165.19㎡
건축 면적 / 54.63㎡

조미료를 넣어 두기 위한 틈새

가스레인지

식기
세척기

가스 오븐

쓰레기통

2 310

10

작은 집을 설계할 때는 에너지 절약을 위해 가급적 복도를 만들지 않는다. 복도가 필요 없는 관계에 있는 방과 방을 직접 연결해 나가는 것이다. 그 연장선상에 있는 것이 '회유 동선'이라고 할 수 있다. 요시무라 준조 선생도 "집이라는 것은 회유가 가능한 편이 즐겁다"라고 말했는데, 동선을 계획할 때는 편리할 뿐만 아니라 편하게 쉬는 장소를 방해하지 않도록 궁리해야 한다.

이 집에서는 거실과 식당 사이를 지나 주방으로 가는 경로와 가족실에서 화장실 세면 공간을 지나 주방으로 가는 2개의 경로를 만들었다. 주방 조리대는 식탁에 접근하기 쉽도록 벽 선반장이 없는 오픈 스타일로 만들고, 조리대에 물건이 너저분하게 놓여 있는 모습이 보이지 않도록 조리대보다 25센티미터 정도 올린 안길이 30센티미터의 상단 카운터를 설치했다. 또한 가족이 편히 쉬는 공간에서 보이지 않는 위치에 냉장고와 급탕기 리모컨을 설치했다.

조리대 뒷면에는 식기나 조리용 가전기기, 비축 식품, 행주 등 음식과 관련된 물건과 청소 용구, 공구 등 집 안 관리에 필요한 물건을 수납하는 공간이 있다. 그리고 쓰레기를 일시적으로 보관하는 장소와 걸레를 빨 때 사용하는 서비스 테라스가 이어진다.

'필요한 곳에 필요한 물건을 놓는' 것. 이것이 살기 좋은, 일하기 좋은 집의 기본이다.

다다미를 깐 2층 주침실. 북쪽에 있는
작업 공간(부모)의 창문에서 빛이 들
어온다.

33

어슴푸레함 속에 숨어 있는 풍요로움

주택을 설계할 때는 동지일 때와 하지일 때 실내에 빛이 어떻게 들어올지를 반
드시 확인한다. 좁은 부지라도 방위나 건물 높이를 함께 고민하면 원하는 장소에
원하는 빛을 끌어들일 수 있다. 그런 다음 천장의 반사를 이용해 빛이 직접 닿지
않게 할지, 남향이라면 처마를 길게 만들지 등 전체적인 계획을 하나하나 검토해
나간다.

또한 태양의 직사광선 이외에 산란광을 기대하면서 개구부를 계획할 때도 있
다. 북창에서 들어오는 빛(산란광)은 약하고 포근해서 긴장을 풀기에 적당한 밝기
를 제공하기 때문에 침실이나 다다미방에 도입하는 경우가 많다. 어둑어둑하고
어슴푸레한 공간은 처마가 깊은 일본의 민가에서 경험할 수 있는 공간에 가깝기
도 하다.

집 안에는 공부방이나 주방 등 일정 수준의 밝기가 요구되는 장소도 있으며,
가끔은 햇볕을 직접 쬐는 것도 좋은 일이다. 그러나 집의 밝기가 다양하면 생활
은 훨씬 풍요로워질 것이라 생각한다.

이 집의 침실은 북쪽과 서쪽에 창문이 있는 후키누케와 붙어 있어서, 그 장지
문을 통해 부드러운 빛이 들어온다. 남쪽 창에도 장지문과 빛을 차단하기 위한
맹장지문을 달아서 밝게도 어둑어둑하게도 만들 수 있도록 했다.

묘렌지의 집

가나가와 현 요코하마 시
부지 면적 / 132.62㎡
건축 면적 / 63.23㎡

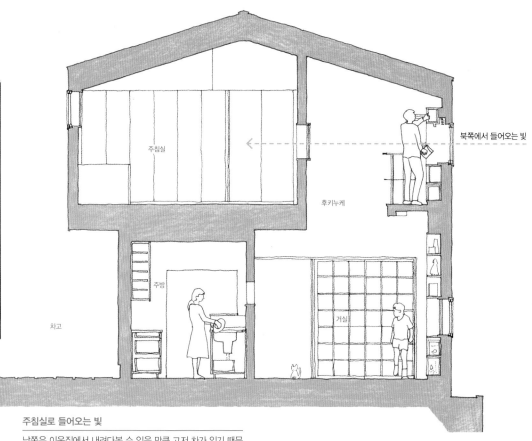

북쪽에서 들어오는 빛

주침실

후키누케

주방

차고

거실

주침실로 들어오는 빛

남쪽은 이웃집에서 내려다볼 수 있을 만큼 고저 차가 있기 때문에 개구부를 크게 만들지 않았다. 그래서 채광과 통풍을 위해 고창을 설치했다. 다만 평소에는 고창의 차광용 맹장지문을 닫아놓기 때문에 주로 북쪽 작업 공간에 있는 창문에서 후키누케를 거쳐서 빛이 들어온다.

후키누케를 중심으로 공간을 연결하는 설계

후키누케를 이용한 커다란 책장과 작업 공간(부모·자식)을 북쪽에 설치했다(98페이지). 주침실과 아이 방은 작업 공간(부모)을 통해 연결되어 있다.

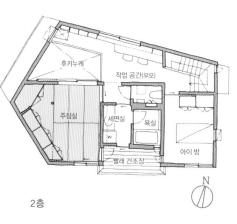

전면 도로

테라스

거실·식당

작업 공간(자식)

외부 수납공간

세면실

주방

음악실

현관

포치

차고

1층

후키누케

작업 공간(부모)

주침실

세면실

욕실

아이 방

빨래 건조장

2층

N

주침실의 실내 개구부를 1층 거실에서 올려다본 모습. 서쪽 테라스 창에서 들어오는 빛 덕분에 1층이 매우 밝다.

작업 공간(부모)에서 후키누케를 내려다본 모습. 왼쪽에 보이는 것이 주침실이다. 실내 개구부를 통해 주침실로 빛이 들어온다.

게스트룸 겸 침실. 높이를
500mm로 한정한 남쪽 창
에서 빛이 마치 해시계처럼
들어온다.

34

서까래의 효능

건축을 계획할 때마다 고심하게 되는 부분 중 하나가 '건축 규제'다. 특히 북측 사선 제한이나 도로 사선 제한에 걸릴 때는 어떻게 디테일을 설계해야 최대한의 볼륨과 성능을 확보할 수 있을지 고민되는 경우가 많다. 그러나 이를 역이용하면 더욱 개성적이고 매력적인 공간을 만들 수도 있다.

이 집의 침실은 남향이지만, 의도적으로 개구부를 좁히고 천장의 노출 서까래를 이용해 음영을 만들어냈다. 북측 사선 제한 때문에 억제된 천장 높이에 최대한의 볼륨을 확보하기 위해 서까래를 노출시켜 지붕널 위로 통기를 하고 고성능 단열재를 끼워 넣었다. 그 결과 천장 높이는 서까래의 가장 낮은 부분이 2미터, 가장 높은 부분이 2.8미터가 되었다. 수도원의 개인실 같은 조용한 공간이 마음에 들었다.

이 집뿐만 아니라 단면을 계획할 때는 천장 높이를 각각 다르게 해서 낮고 차분한 곳과 높고 편안한 곳을 만든다. 그리고 이와 동시에 밝은 부분과 어두운 부분을 만들려 한다. 그 양극은 집에서 사람의 감정과 연동하는 부분이라고 생각하기 때문이다.

사쿠라신마치의 집
도쿄 도 세타가야 구
부지 면적 / 127.18㎡
건축 면적 / 59.33㎡

'미요시의 집'의 천장. 서까래가
노출된 부분이 높은 만큼 음영
이 깊어 빛에 변화가 일어난다.

노출 서까래의 음영이 아름답게 보이려면

서까래의 존재감이 드러나도록 폭과 중심 간격을 조정한다. 이 집의 경우 노출 부분의 높이는 96mm(서까래의 높이는 230mm), 중심 간격은 360mm로 잡아 의도적으로 서까래를 드러내 아름다운 그림자가 만들어지게 했다.

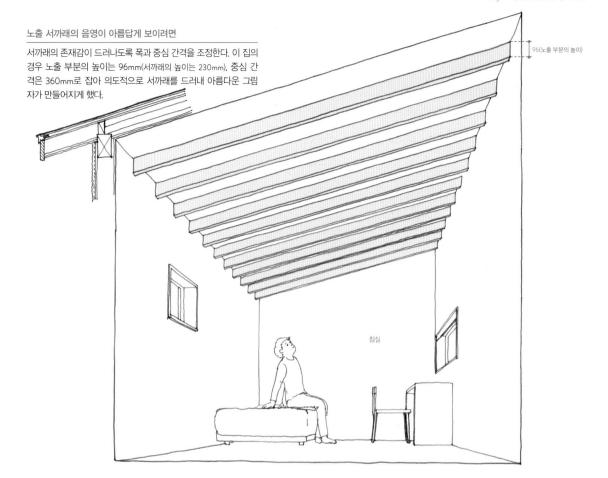

지붕널과 서까래 사이에 단열재를 집어넣고 그 위를 통기층으로 이용했을 경우의 지붕 단면

지붕널 아래에 통기층을 독립시켰을 경우의 지붕 단면

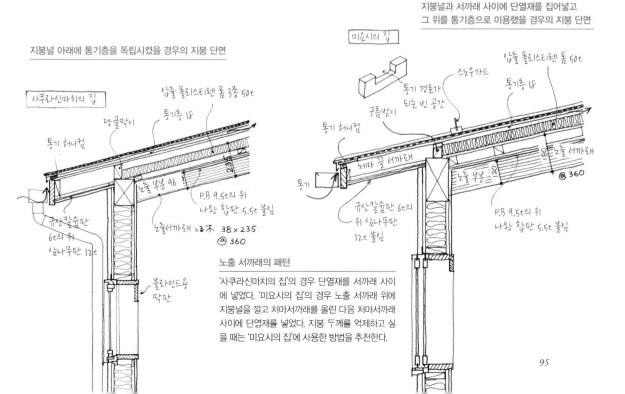

노출 서까래의 패턴

'사쿠라신마치의 집'의 경우 단열재를 서까래 사이에 넣었다. '미요시의 집'의 경우 노출 서까래 위에 지붕널을 깔고 처마서까래를 올린 다음 처마서까래 사이에 단열재를 넣었다. 지붕 두께를 억제하고 싶을 때는 '미요시의 집'에 사용한 방법을 추천한다.

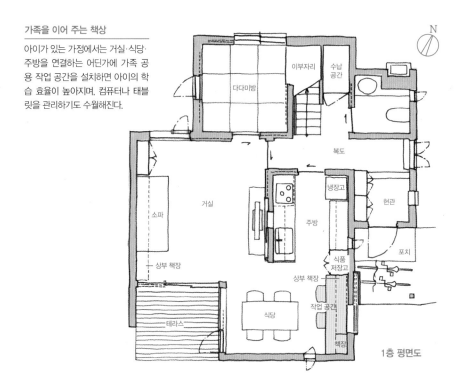

가족을 이어 주는 책상

아이가 있는 가정에서는 거실·식당·주방을 연결하는 어딘가에 가족 공용 작업 공간을 설치하면 아이의 학습 효율이 높아지며, 컴퓨터나 태블릿을 관리하기도 수월해진다.

(평면도 라벨: 다다미방, 이부자리, 수납 공간, 복도, 냉장고, 현관, 거실, 소파, 주방, 상부 책장, 식품 저장고, 테라스, 식당, 작업 공간, 상부 책장, 책장, 포치, 1층 평면도)

35

서재는 어디에

집안일이나 취사 때문에 분리되기 쉬운 시간을 효율적으로 연결시키기 위해 가족 공유의 서재(작업 공간)를 만들 때가 있다. 거실·식당·주방을 연결하는 공간 어딘가에 서재를 설치하는 것이 우리가 자주 사용하는 방법이다. 주방과 식당 사이에 서재를 설치하면 요리 중에 컴퓨터로 요리법을 검색하거나 자녀의 숙제를 도와줄 수도 있다. 이런 '거실 학습'은 최근에 그 효과가 널리 알려지게 되었다. 공간에 여유가 없을 때는 식탁을 조금 큼지막하게 만들어 서재를 겸하게 하는 방법도 있다.

또한 자신 이외의 누군가와 공유하는 공간을 사용하는 방법이나 '정리정돈' 등의 사회적 활동을 자연스럽게 익히는 장소로도 활용된다. 거실 학습에서 가족이 싸우는 원인이 되기 쉬운 것은 역시 '정리정돈'인데, 가급적 가족이 단란한 한때를 보내는 장소에 싸움의 불똥이 튀지 않도록 수납공간과 책장이 딸린 책상을 어딘가에 배치하려고 노력한다. 그 책장에는 아이와 함께 읽고 싶은 책, 아이에게 읽히고 싶은 책, 그리고 현재 읽고 있는 책 정도만 수납하는 것이 적당하다는 생각이 든다.

우리 가족이 사는 집 겸 아틀리에에서는 건축 서적을 놓아둘 장소가 부족해 거실 책장에도 수납하고 있다. 솔직히 기대하지는 않았지만, 역시 아이들이 그 책을 꺼내 읽는 일은 전혀 없었다.

고쿠분지의 집

도쿄 도 고쿠분지 시
부지 면적 / 167.64㎡
건축 면적 / 66.31㎡

커뮤니케이션 경로와 작업 공간 설치

가족이 공유하는 서재를 꼭 별도로 만들 필요는 없다. 두 명이 나란히 책상 앞에 앉을 수 있는 폭(1.8~2.1m)에 데스크톱 컴퓨터와 키보드를 올려놓을 수 있는 안길이(600~650mm)를 확보한 뒤 책상 위에 책장을 만들면 그것으로 충분하다. 혹은 장래에 책장을 만들 공간이나 책상 아래에 이동식 서랍을 집어넣을 여지를 남겨 놓는다. 언젠가 아이도 자신의 방에서 공부하고 책을 읽게 되므로 장래에 부부의 문구를 수납할 수 있을 정도의 서랍을 설치해 놓는다.

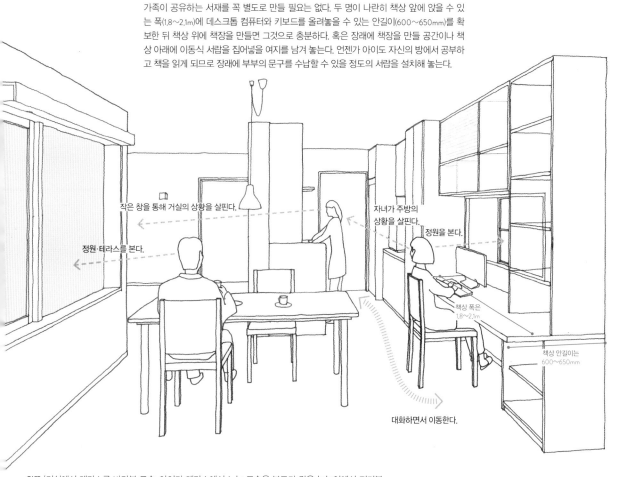

작은 창을 통해 거실의 상황을 살핀다.

정원·테라스를 본다.

자녀가 주방의 상황을 살핀다.

정원을 본다.

책상 폭은 1.8~2.1m

책상 안길이는 600~650mm

대화하면서 이동한다.

왼쪽/거실에서 테라스를 바라본 모습. 아이가 테라스에서 노는 모습을 부모가 같은 눈높이에서 지켜볼 수 있다. **오른쪽**/식당과 거실 사이에 잘록한 부분을 만드는 방법으로 공간을 나눴다. 거실 안쪽에 설치한 창문으로 시선을 유도함으로써 공간이 넓어 보이게 했다.

거실에서 책장과 아이의 작업 공간을 바라본 모습. 책장에 걸려 있는 사다리의 난간은 스틸 파이프, 발판은 나왕 럼버로 만들어져 있다. 이 책장은 에어컨과 TV 등 가전제품을 수납하는 공간도 겸하고 있다.

36

후키누케와

책장으로 연결된

가족의 서재

지금까지 설계해 온 주택에서는 가족의 서재(작업 공간)를 설치하는 경우가 많았다. 이 집의 경우 작업 공간을 '부모와 자식이 그림을 그리고 공작을 할 수 있는 장소+진열장'으로 발전시켰다.

후키누케를 이용해 바닥부터 천장까지 책장을 설치하고 부모의 서재와 자녀의 공작실을 연결한 도서관 같은 공간으로, 거실에서 한눈에 바라볼 수 있다. 책장을 북쪽 벽에만 만들고 생활에 필요한 주택 설비와 TV 등의 가전제품, 장지문과 블라인드도 함께 배치함으로써 식당과 거실을 넓게 사용할 수 있게 했다.

1층에는 아이용 공작 책상+진열장(책장)과 TV 장식장, 에어컨 박스가 있고, 2층에는 가족 공용의 컴퓨터 책상+진열장이 있다. 목제 사다리를 이용해 1층에서 2층의 캣워크로 올라갈 수 있으며, 진열장에는 가족이 만든 작품과 좋아하는 물건이 가득하다.

묘렌지의 집
가나가와 현 요코하마 시
부지 면적 / 132,62㎡
건축 면적 / 63,23㎡

가족의 자리 쟁탈전?

그림 그리기와 공작이 취미인 가족을 위해 벽면을 가득 채운 책장과 1층·2층의 작업 공간을 만들었다. 마치 오델로를 하듯이 아버지와 아들이 자신의 책과 물건을 수납할 장소를 서로 빼앗는다.

2층의 작업 공간(부모). 북쪽에 펼쳐져 있는 풍경을 바라보면서 일할 수 있다. 조명이나 블라인드는 책장 아래에 내장되어 있다.

북쪽 책장 상세도 [S=1:40]

책장의 기본 자재는 나왕 럼버 코어 합판으로, 최대 크기인 1200×2400을 조합해서 제작했다. 책장의 조인트 부분은 12mm 두께의 판을 2장 합쳐서 24mm로 만들었다. 책장의 절반은 수납할 물건 크기에 맞춰서 이동 선반으로 만들었다.

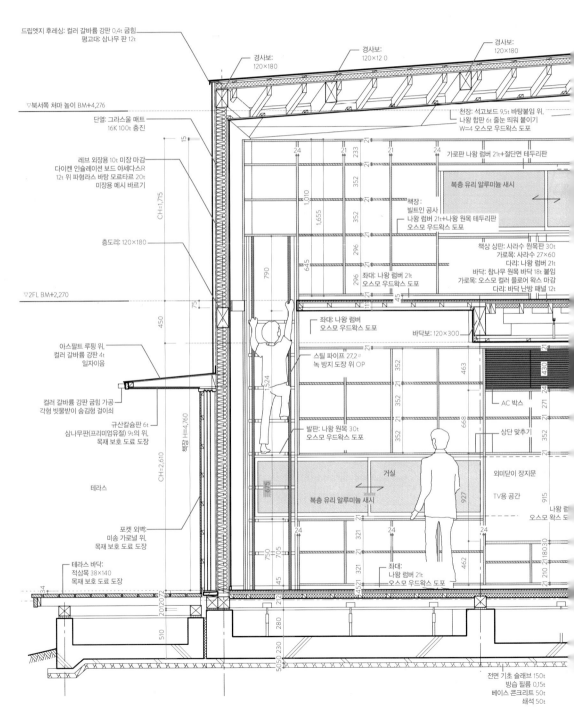

드립엣지 후레싱: 컬러 갈바륨 강판 0.4t 굽힘
평고대: 삼나무 판 12t

경사보:
120×180

경사보:
120×12 0

경사보:
120×180

▽북서쪽 처마 높이 BM+4,276

단열: 그라스울 매트
16K 100t 충진

천장: 석고보드 9.5t 바탕붙임 위,
나왕 합판 6t 줄눈 띄워 붙이기
W=4 오스모 우드왁스 도포

레브 외장용 10t 미장 마감
다이켄 인슐레이션 보드 아세다스R
12t 위 파형라스 바탕 모르타르 20t
미장용 메시 바르기

가로판 나왕 럼버 21t+절단면 테두리판

복층 유리 알루미늄 새시

책장:
빌트인 공사
나왕 럼버 21t+나왕 원목 테두리판
오스모 우드왁스 도포

충도리: 120×180

책상 상판: 사라수 원목판 30t
가로목: 사라수 27×60
다리: 나왕 럼버 21t
바닥: 참나무 원목 바닥 18t 붙임
가로목: 오스모 컬러 플로어 왁스 마감
다리: 바닥 난방 패널 12t

좌대: 나왕 럼버 21t
오스모 우드왁스 도포

▽2FL BM+2,270

좌대: 나왕 럼버
오스모 우드왁스 도포

바닥보: 120×300

아스팔트 루핑 위,
컬러 갈바륨 강판 4t
일자이음

스틸 파이프 27.2∅
녹 방지 도장 위 OP

AC 박스

컬러 갈바륨 강판 굽힘 가공
각형 빗물받이 숨김형 걸이쇠

상단 맞추기

규산칼슘판 6t
삼나무판(프리미엄유절) 9t의 위,
목재 보호 도료 도장

발판: 나왕 원목 30t
오스모 우드왁스 도포

거실

외미닫이 장지문

테라스

복층 유리 알루미늄 새시

TV용 공간

나왕 럼
오스모 우드왁스 도

포켓 외벽:
미송 가로널 위,
목재 보호 도료 도장

테라스 바닥:
적삼목 38×140
목재 보호 도료 도장

좌대: 나왕 럼버 21t
오스모 우드왁스 도포

전면 기초 슬래브 150t
방습 필름 0.15t
베이스 콘크리트 50t
쇄석 50t

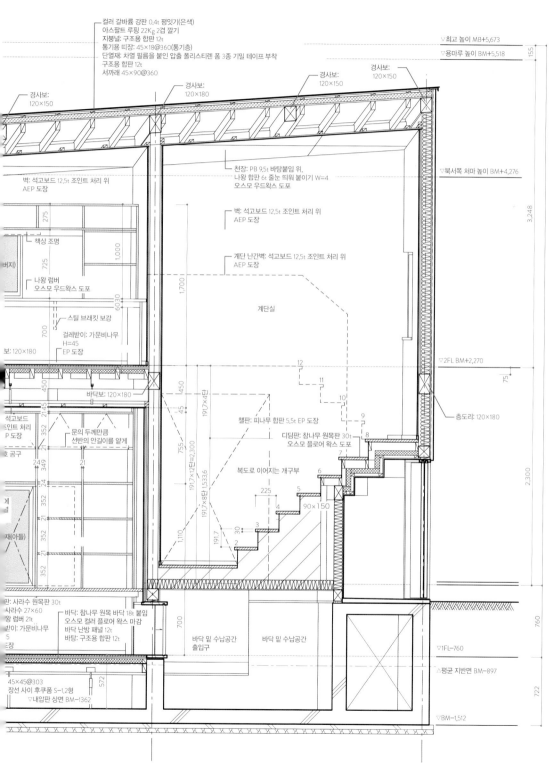

컬러 갈바륨 강판 0.4t 평잇기(은색)
아스팔트 루핑 22Kg 2겹 깔기
지붕널: 구조용 합판 12t
통기용 띠장: 45×18@360(통기층)
단열재: 차열 필름을 붙인 압출 폴리스티렌 폼 3종 기밀 테이프 부착
구조용 합판 12t
서까래 45×90@360

경사보:
120×150

경사보:
120×180

경사보:
120×150

경사보:
120×150

▽최고 높이 MB+5,673

▽용마루 높이 BM+5,518

155

벽: 석고보드 12.5t 조인트 처리 위
AEP 도장

천장: PB 9.5t 바탕붙임 위,
나왕 합판 6t 줄눈 띄워 붙이기 W=4
오스모 우드왁스 도포

▽북서쪽 처마 높이 BM+4,276

벽: 석고보드 12.5t 조인트 처리 위
AEP 도장

3,248

책상 조명

계단 난간벽: 석고보드 12.5t 조인트 처리 위
AEP 도장

275

나왕 럼버
오스모 우드왁스 도포

계단실

1,000

725

603

스틸 브래킷 보강

1,700

700

걸레받이: 가문비나무
H=45
EP 도장

보: 120×180

▽2FL BM+2,270

12

75

바닥보: 120×180

11

450

석고보드
트 처리
P 도장

45

10

층도리: 120×180

9

공구

문의 두께만큼
선반의 안길이를 얕게

191.7×4단

챌판: 피나무 합판 5.5t EP 도장

8

2,300

755

디딤판: 참나무 원목판 30t
오스모 플로어 왁스 도포

7

249

349

21

191.7×8단=1,533.6

191.7×12단=2,300

6

재(아들)

복도로 이어지는 개구부

352

24

225

5

352

24

352

90×150

1,110

4

352

3

30

191.7

2

판: 사라수 원목판 30t
사라수 27×60
왕 럼버 21t
받이: 가문비나무
5
장

바닥: 참나무 원목 바닥 18t 붙임
오스모 컬러 플로어 왁스 마감
바닥 난방 패널 12t
바탕: 구조용 합판 12t

760

700

45×45@303
장선 사이 후쿠폼 S-1,2형
▽내압판 상면 BM-1362

572

바닥 밑 수납공간
출입구

바닥 밑 수납공간

▽1FL-760

△평균 지반면 BM-897

722

▽BM-1,512

미래를 내다보고 나눠서 사용하는 아이 방
(오이즈미의 집)

아이가 성장하면 2층 침대를 이용해 11㎡ 공간을 둘로 나눠 사용할 수 있도록 책장과 평행하게 레일과 틀을 만들어 놓았다.

장래 계획 스케치

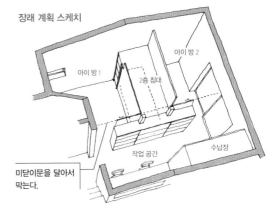

아이 방과 회유 동선으로 연결되어 있는 작업 공간. 나중에는 책상을 설치해 부모와 아이가 공유하는 작업 공간으로 만들 예정이다.

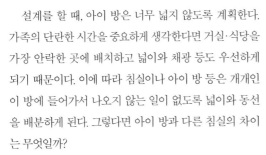

2층 평면도(인도 당시)

37

아이 방 이야기

설계를 할 때, 아이 방은 너무 넓지 않도록 계획한다. 가족의 단란한 시간을 중요하게 생각한다면 거실·식당을 가장 안락한 곳에 배치하고 넓이와 채광 등도 우선하게 되기 때문이다. 이에 따라 침실이나 아이 방 등은 개개인이 방에 들어가서 나오지 않는 일이 없도록 넓이와 동선을 배분하게 된다. 그렇다면 아이 방과 다른 침실의 차이는 무엇일까?

어린 시절, 좁고 어두운 곳에 들어가거나 조금 높은 곳에서 바깥을 둘러보면서 즐거워했던 경험은 누구에게나 있을 것이다. 아이 방에는 그런 '장치'를 만들어 주려고 한다. 언젠가 어른이 되겠지만, 그런 장소에서 보내는 시간은 어둠에 대한 두려움을 극복하게 해 주거나 하늘을 날 수 있을지도 모른다는 꿈처럼 '창조하는 힘'을 키워 준다고 생각하기 때문이다.

아이 방이 둘 이상 필요할 때는 각각을 가구나 구조에 영향을 주지 않는 벽으로 나눠 가변성을 부여한다. 그렇게 해 놓으면 아이들이 독립한 뒤 하나의 커다란 방으로 사용할 수 있다. 여기에서는 세 집의 아이 방을 소개하고자 한다.

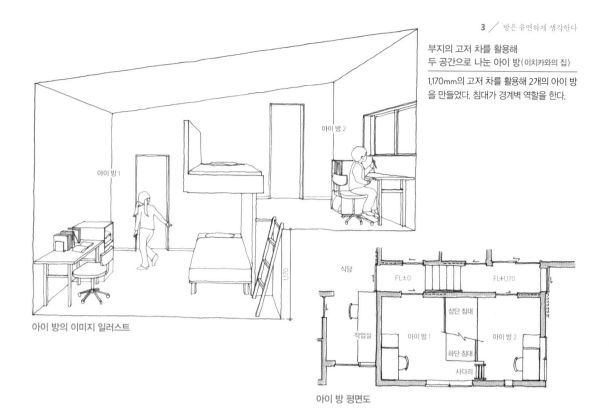

부지의 고저 차를 활용해
두 공간으로 나눈 아이 방 (이치카와의 집)

1,170mm의 고저 차를 활용해 2개의 아이 방을 만들었다. 침대가 경계벽 역할을 한다.

아이 방의 이미지 일러스트

아이 방 평면도

작업실과 로프트를 조합한 아이 방 (다카반의 집)

가족 공용 작업실과 약 7.5㎡의 아이 방은 서로 이웃해 있다. 비밀 기지인 로프트에서도 놀 수 있다.

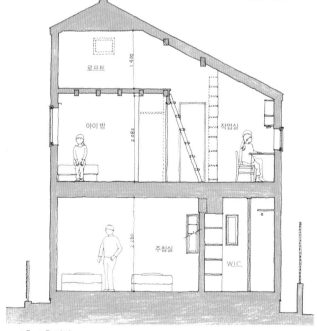

1층·2층 단면도

거실에서 아이 방·작업실을 바라본 모습. 거실을 통해서만 아이 방으로 들어갈 수 있다.

아이 방. 포스터나 좋아하는 물건 등을 꽂아 놓을 수 있도록 벽 한 면에 삼나무 판을 붙였다.

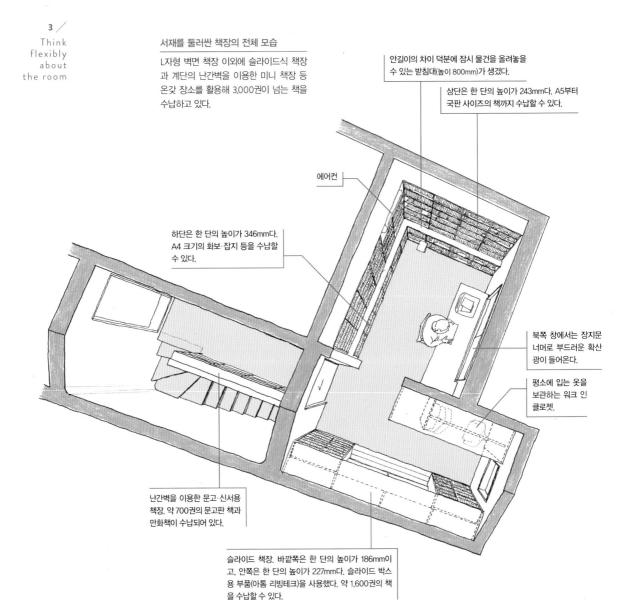

서재를 둘러싼 책장의 전체 모습

L자형 벽면 책장 이외에 슬라이드식 책장과 계단의 난간벽을 이용한 미니 책장 등 온갖 장소를 활용해 3,000권이 넘는 책을 수납하고 있다.

안길이의 차이 덕분에 잠시 물건을 올려놓을 수 있는 받침대(높이 800mm)가 생겼다.

상단은 한 단의 높이가 243mm다. A5부터 국판 사이즈의 책까지 수납할 수 있다.

에어컨

하단은 한 단의 높이가 346mm다. A4 크기의 화보·잡지 등을 수납할 수 있다.

북쪽 창에서는 장지문 너머로 부드러운 확산광이 들어온다.

평소에 입는 옷을 보관하는 워크 인 클로젯.

난간벽을 이용한 문고·신서용 책장. 약 700권의 문고판 책과 만화책이 수납되어 있다.

슬라이드 책장. 바깥쪽은 한 단의 높이가 186mm이고, 안쪽은 한 단의 높이가 227mm다. 슬라이드 박스용 부품(아톰 리빙테크)을 사용했다. 약 1,600권의 책을 수납할 수 있다.

38

책장 이야기

센가와의 집

도쿄 도 조후 시
부지 면적 / 70.00㎡
건축 면적 / 41.95㎡

이 집은 70제곱미터 넓이 부지에 건폐율 상한선인 42제곱미터 넓이로 지은 3층 주택이다. 최상층에는 남편의 서재가 있는데, 한정된 면적에 3,000권이 넘는 책이 수납되어 있다.

내 경험상, 장서가 1,500권 이상일 때는 선반널을 고정하는 편이 좋다. 크기나 범주를 기준으로 정리한 책을 한눈에 알아보기 쉽게 진열할 수 있어 공간이 깔끔해 보인다. 그 이하의 장서를 수납하는 가족 공유 책장의 경우 이동 선반을 추천한다. 한 칸의 좌우 폭은 책이 쓰러지지 않도록 400밀리미터 정도로 억제하는 것이 좋다.

또한 책은 앞뒤로 1열만 꽂아서 제목이 보이게 해야 한다. 다만 이

오른쪽/슬라이드 책장. 850~860×1,800mm의 책장 6개로 구성되어 있어 약 1,650권의 책을 수납할 수 있다. 책장 소재는 나왕 럼버 코어를 사용했다.

왼쪽/벽면 고정 책장은 천장(2,365mm)에 닿는 높이로 제작했다. 함께 제작한 책상은 럼버 코어 합판 위에 물푸레나무 합판을 압착하고 오일로 마감한 것이다. 폭 2,000×안길이 660×높이 700mm

책장의 구조와 책의 치수

고정 선반의 경우 가로판이 축이 되고, 이동 선반의 경우 세로판이 축이 된다. 어느 쪽을 선택할지는 건축주와 의논할 필요가 있지만, 외관을 중시한다면 고정 선반이 좋다.

세로판이 축인 책장

가로판이 축인 책장

렇게 하려면 방대한 수의 책을 수납해야 할 때 상당한 공간이 필요하다. 이 집의 경우 1열형 책장을 채용하면 수납할 수 있는 공간은 부족하고 통로는 어중간하게 넓은 상황이었다. 그래서 전용 부품을 사용해 슬라이드식 책장을 만들었다.

책을 좋아하는 나는 책이 많이 있는 공간을 보면 가슴이 두근거린다. 언젠가 영화 〈마미야 형제〉에 나오는 거실이나 〈배트맨〉의 묘지 같은 장치가 있는 서고를 만들 기회가 찾아오기를 고대하고 있다.

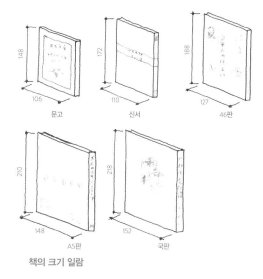

148	172	188
106	110	127
문고	신서	46판

210	218
148	152
A5판	국판

책의 크기 일람

녹색 자연과
함께 산다는 것

거실에서 정원을 내려다본 모습. 층층나무를 심은 정원 안쪽 디딤 면에 작은 계단이 설치되어 있다.

39

작은 정원의 20년

연주자 부부가 사는 이 집의 한쪽 구석에는 작은 정원이 있다. 지하에 음악실이 있는데, 그곳에서 보내는 시간이 많기 때문에 채광 효과를 기대하며 지하층까지 땅을 파고 정원을 만들었다.

준공을 맞이한 정원은 집 4채에 둘러싸여서 항상 어딘가가 어두웠기 때문에 '나무가 자라지 못하는 것은 아닐까?'라는 걱정이 들었다. 다만 인접한 집들로서는 이 정원이 '잠시 마음을 쉴 수 있는 우물가' 같은 곳이라서 담장은 만들지 않았다.

"정원을 가꾸는 즐거움을 누릴 여지는 남기고 싶습니다"라는 부인의 희망을 이루기 위해 층층나무와 단풍철쭉, 한 단 아래에 큰일본노각나무를 심었고, 이웃집 쪽에는 대나무 울타리와 함께 홍가시나무와 목향장미가 추가되었다.

정면 폭 3.5미터, 안길이 4미터, 깊이 2.6미터에 불과한 작은 정원이지만, 지금은 지붕 높이를 넘어설 기세로 자란 섬세한 큰일본노각나무 가지가 거실 북쪽 창에서 바라본다. 북쪽과 서쪽에 이웃한 집에서는 각각 동쪽과 남쪽에서 햇빛이 들어오고 있어, 녹색 식물의 풍경도 빌릴 수 있는 '풍요로운 공터'로 성장했음을 실감한다.

규덴의 집

도쿄 도 세타가야 구
부지 면적 / 123.61㎡
건축 면적 / 61.16㎡

거실 북쪽 창문에서 큰일본노각나무를 바라본 모습. 그 너머로 잎에 햇빛을 받고 있는 것이 층층나무다.

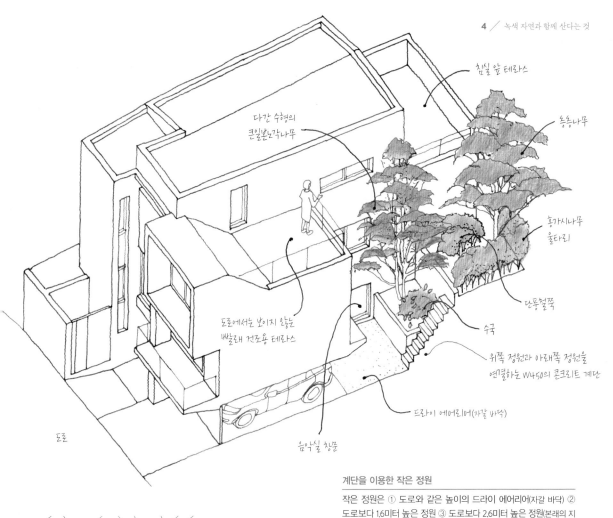

침실 앞 테라스

다간 수형의 큰일본목각나무

홍송나무

홍가시나무 울타리

단풍철쭉

도로에서는 보이지 않는 빨래 건조용 테라스

수국

위쪽 정원과 아래쪽 정원을 연결하는 W450의 콘크리트 계단

드라이 에어리어(자갈 바닥)

음악실 창문

도로

계단을 이용한 작은 정원

작은 정원은 ① 도로와 같은 높이의 드라이 에어리어(자갈 바닥) ② 도로보다 1.6미터 높은 정원 ③ 도로보다 2.6미터 높은 정원(본래의 지반 높이)의 3층으로 나뉘어 있다.

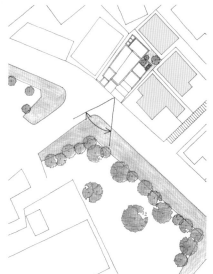

녹색 자연과 주변의 관계성

10㎡ 정도 되는 작은 정원의 풍경을 주위의 집 4채가 누리고 있다. 또한 도로 건너편에 있는 공원의 단풍나무 등의 경치를 빌림으로써 생활에 윤택함을 더했다.

지하 음악실. 오른쪽 앞에 정원과 인접한 창문이 있어서 자연 채광을 확보할 수 있다.

사진 오른쪽에 있는 밤자갈 바닥 진입로 끝에 보이는 것이 현관이다. 제일 앞 박공 쪽 벽은 사실 건물 외부로, 벽 뒤는 빨래 건조장으로 쓰이고 있다. 진입로 흙막이는 현장에 있던 오래된 기와를 이용했다.

40

잡목 정원에서 생활한다

이 집을 지은 장소는 본래 밭이었던 토지로, 부지로 향하는 시선을 차단해 주는 것이 하나도 없었다. 그래서 집 남쪽에 공간을 남겨 놓으면서 도로에서의 시선을 부드럽게 차단해 주는 숲을 만들자고 생각했다.

도로 옆에는 수로를 따라 1미터 정도 높이로 조성한 단풍철쭉 울타리가 있다. 울타리 바로 안쪽에서 시선을 차단당하지 않고, 실내에서 계절마다 자연스럽게 변화하는 정원 풍경을 즐길 수 있도록 넓은 정원 중앙에 상록수와 낙엽수 중·고목을 섞어 심었다. 도로에서의 시선을 받아들이는 정원이 지역 사람들에게도 사랑받는 숲이 된다면 틀림없이 정원을 가꾸는 보람도 생길 것이라 생각했다.

테라스와 인접한 클로버 광장에는 다간 수형의 큰일본노각나무, 산딸나무, 졸참나무를 둘러싼 작은 길을 따라 걸으며 정원을 둘러볼 수 있는 길이 있다. 또한 그 바로 남쪽에는 가시나무와 동청목 등 상록수 지대를 만들고, 기존의 단풍철쭉 울타리와의 사이에 작은 밭을 남겨 놓았다. 그리고 원래 밭 주위에 심어져 있던 독일붓꽃을 이곳으로 옮겨 심어 기존의 꽃산딸나무, 배롱나무와 함께 봄부터 도로를 향해 꽃을 피우게 했다.

2년 차 여름이 찾아오자, 집은 가지를 뻗기 시작한 산딸나무와 산벚나무에 가려져 진입로에서는 거의 보이지 않게 되었다.

요시미의 집

사이타마 현 히키 군
부지 면적 / 459.01㎡
건축 면적 / 107.59㎡

남쪽 정원과 마주하고 있는 콘크리트 테라스. 처마 끝(약 1,200mm)에 맞춰 테라스의 폭(1,000mm)을 결정했다.

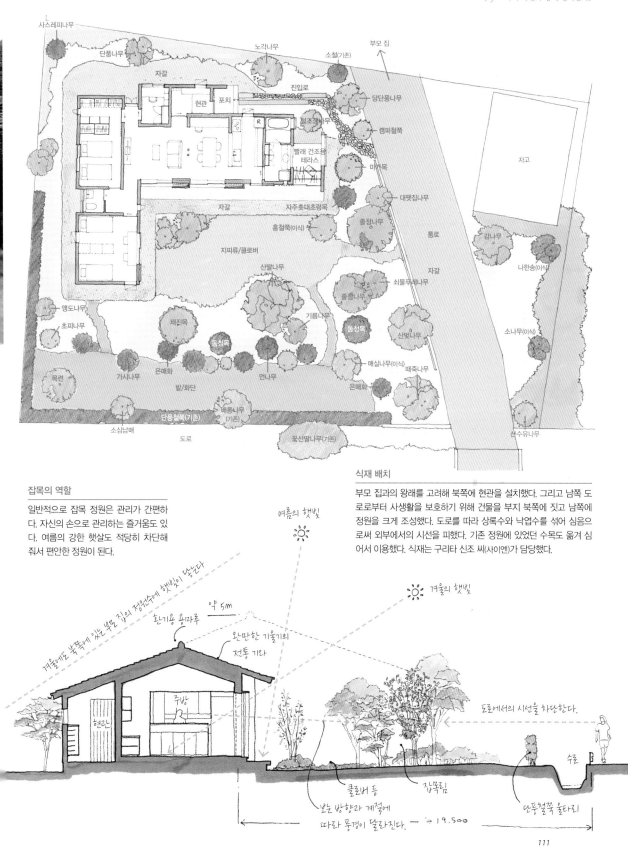

잡목의 역할

일반적으로 잡목 정원은 관리가 간편하다. 자신의 손으로 관리하는 즐거움도 있다. 여름의 강한 햇살도 적당히 차단해줘서 편안한 정원이 된다.

식재 배치

부모 집과의 왕래를 고려해 북쪽에 현관을 설치했다. 그리고 남쪽 도로로부터 사생활을 보호하기 위해 건물을 부지 북쪽에 짓고 남쪽에 정원을 크게 조성했다. 도로를 따라 상록수와 낙엽수를 섞어 심음으로써 외부에서의 시선을 피했다. 기존 정원에 있었던 수목도 옮겨 심어서 이용했다. 식재는 구리타 신조 씨(사이엔)가 담당했다.

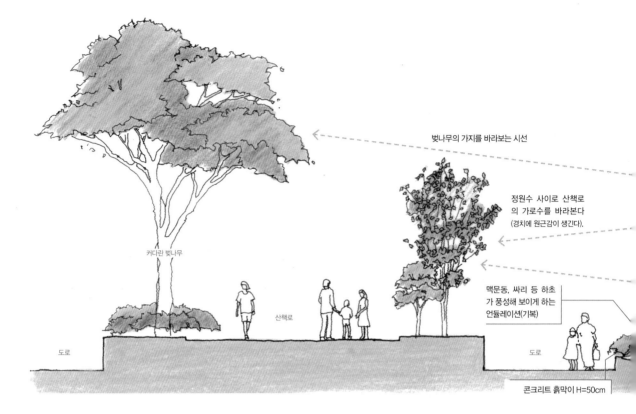

벚나무의 가지를 바라보는 시선

정원수 사이로 산책로
의 가로수를 바라본다
(경치에 원근감이 생긴다).

맥문동, 싸리 등 하초
가 풍성해 보이게 하는
언듈레이션(기복)

커다란 벚나무

산책로

도로

도로

콘크리트 흙막이 H=50cm

41

담장을 만들지 않는 선택

이 집 앞으로는 다마가와 상수(上水)를 따라 가로수가 울창하게 자라고 있는 산책로가 있다. 훌륭하게 자란 벚나무도 있어서 벚꽃 시즌에는 시야를 가득 채운 벚꽃을 즐길 수 있는 행운의 입지이기도 하다. 다만 집과 산책로 사이에 자동차 한 대가 겨우 지나다닐 수 있는 3미터 폭의 도로가 있기 때문에 이 도로와 인접한 집의 주민들은 이 좁고 위험한 도로를 걷거나 자전거를 타고 지나다녀야 한다.

길가에는 눈높이보다 높은 담장을 설치한 집도 있지만, 싱싱하게 가지와 잎을 뻗은 나무들에 둘러싸인 산책로와 대조적인 담장의 위압감이 마음에 걸렸다. 그래서 건축주와 의논해 건물을 도로와 최대한 떨어트리고 그 공간에 정원을 만드는 계획을 세웠다. 실내에서는 1층 테라스 앞을 둘러싸고 있는 다간 수형 고목들 사이로 산책로의 가로수와 벚꽃을 바라볼 수 있다.

한편, 현관문은 2층의 빨래 건조장을 지탱하는 벽을 이용해 거리에서 보이지 않게 함으로써 도로를 걷는 사람들의 시선이 직접 집 안으로 들어오지 않게 만들었다. 또한 도로를 향하고 있는 다른 부분에는 일부러 담장을 세우지 않고 높이 50센티미터의 콘크리트 흙막이만 설치했다. 이렇게 함으로써 거리에서 정원을 향하는 시선을 받아들이는 동시에 실내에서 외부로 향하는 시선이 정원을 넘어 산책로까지 확장되도록 만든 것이다.

건축주가 입주한 뒤 이 집을 몇 번 찾아갔는데, "학교에 가던 여학생들이 콘크리트 흙막이에 걸터앉아 쉬면서 즐겁게 이야기를 나누고는 합니다"라는 이야기를 듣고 굉장히 기뻤던 기억이 난다. 지금이라면 건축주에게 "휴대폰으로 뒤에서 몰래 사진을 찍어 주실 수는 없을까요?"라고 부탁했을지 모른다.

벚꽃과 산책로를 시야에 담는 단면 계획

주변 환경을 최대한 활용해. ① 자신의 정원 ② 인접한 산책로의 가로수 ③ 산책로 건너편에 있는 커다란 벚나무를 충분히 즐길 수 있도록 설계했다. 담장을 세우는 대신 산책로와 인접한 정원을 만듦으로써 거리를 향해 열린 집이 되었다.

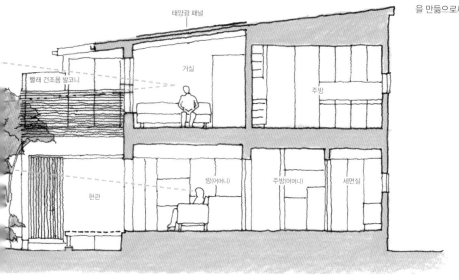

태양광 패널

거실

빨래 건조용 발코니

주방

현관

방(어머니)

주방(어머니)

세면실

니시하라의 집

도쿄 도 시부야 구
부지 면적 / 144.70㎡
건축 면적 / 85.72㎡

왼쪽/높이 50cm의 콘크리트 흙막이와 여름을 맞이해 기세 좋게 자란 정원수(현관 쪽부터 단풍나무, 그리피스물푸레나무, 산딸나무)
오른쪽/폭 3m의 전면 도로는 사람과 자동차가 스쳐 지나갈 만큼 좁다. 사진 오른쪽은 산책로의 가로수다.

부지의 고저 차와 도로의 이미지

경사가 급하기 때문에 건물의 북쪽 도로는 계단으로 되어 있다. 기존의 옹벽을 다시 쌓아 안전성을 확보했다. 도로 사선 제한으로 건물 크기가 상당히 제한을 받기 때문에 변형된 뱃집지붕(맞배지붕)이 되었다.

42

사방도로

사방이 도로로 둘러싸인 작은 섬 같은 부지에 지어진 집. 약 130제곱미터의 부지는 마름모꼴이며 고저 차는 5미터가 넘는다. 낮은 부지 한구석은 배의 앞쪽 끝처럼 뾰족하고, 옹벽으로 둘러싸여 있어 건물에 사용할 수 있는 공간도 한정적이었다.

이 집을 짓기 전, 건축주와 함께 이전 집을 보러 찾아갔을 때는 남동쪽 구석에 오래된 우물과 나무 그루터기가 남아 있었고, 그 옆에는 사람 키 정도 높이의 어린 벚나무가 자라고 있었다. 그것을 보고 '벚나무와 우물을 이 집의 상징물로 남기고 우물가에 나무 그늘을 만들면 이웃들과 대화를 나누기에 적합한 공간이 되지 않을까?'라는 생각이 들었다. 서쪽은 부지가 뾰족하게 튀어나와 있어 건물을 짓기 어렵지만, 도로와 고저 차가 있는 까닭에 도로에서 시선이 들어올 염려는 적다. 그래서 1층을 거실로 삼아 창문과 테라스를 설치하고 목제 미닫이문을 달았다.

건축주의 제안으로 우물에 재래식 펌프를 새로 설치해 누구나 물을 길을 수 있게 했다. 건물과 부지를 계획할 때 기존에 있었던 토지와 거리의 관계성이나 그 장소의 역할을 재해석하고 계승하는 것도 우리가 해야 할 일의 일부라는 생각이 들었다.

묘렌지의 집

가나가와 현 요코하마 시
부지 면적 / 132.62㎡
건축 면적 / 63.23㎡

부지 남동쪽 구석에 남겨진 우물과 벚나무를 바라본 모습. 안쪽에 보이는 애기동백나무의 생울타리도 본래 있었던 것을 활용했다.

주위와 건물의 관계

지반면이 내려가는 서쪽은 사생활이 어느 정도 보호를 받기 때문에 이곳을 개방하는 형태로 계획을 구상했다.

도로를 지나가는 사람의 눈높이보다 높은 곳에 있어서 내부로 시선이 들어오지 않기 때문에 1층의 경우 이곳에만 커다란 창문을 설치했다. 신요코하마까지 이어지는 기와지붕의 행렬을 바라볼 수 있다.

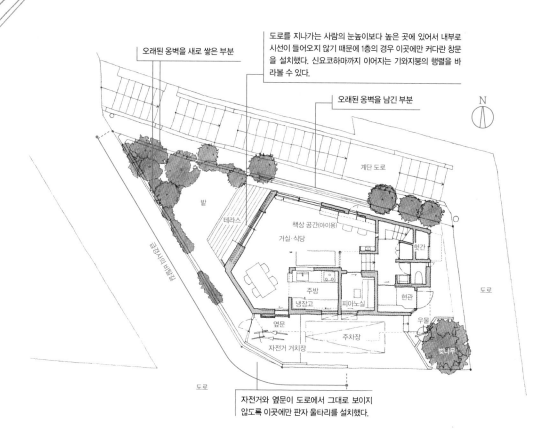

오래된 옹벽을 새로 쌓은 부분

오래된 옹벽을 남긴 부분

N

밭

계단 도로

테라스

책상 공간(아이용)

거실·식당

현관

주방

냉장고

피아노실

현관

도로

옆문

주차장

우물

자전거 거치장

벚나무

도로

자전거와 옆문이 도로에서 그대로 보이지 않도록 이곳에만 판자 울타리를 설치했다.

북쪽 도로를 향해 열려 있는 정원을 바라본 모습. 돌길이 커브를 그리면서 포치를 향해 이어져 있다. 포치 입구에는 방범을 의식해 자물쇠가 달린 외미닫이 비늘살문을 설치했다.

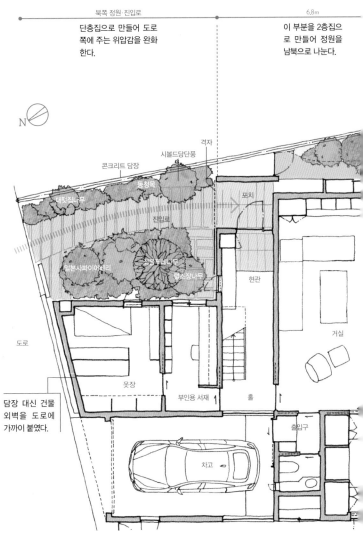

단층집으로 만들어 도로 쪽에 주는 위압감을 완화한다.

북쪽 정원·진입로 | 6.8m

이 부분을 2층집으로 만들어 정원을 남북으로 나눈다.

N

시볼드당단풍
콘크리트 담장
동청목
포치
대팻집나무
진입로
격자
현관
일본사과이어베리
상록두레나무
홍조장나무
거실
도로
옷장
부인용 서재
홀
담장 대신 건물 외벽을 도로에 가까이 붙였다.
출입구
차고

43

포켓 같은 포치

이 집은 폭 4.5미터의 일방통행로와 7.5미터의 버스 통행로 사이에 있다. 주위에는 자연이 적고, 도로에는 인도도 없기 때문에 자동차가 통행인 옆을 스치듯이 지나다닌다. 그래서 남북으로 긴 부지 서쪽에 건물을 위치시키고 동쪽 절반을 잡목림으로 만듦으로써 '나무들 사이로 들어오는 햇살과 바람을 느낄 수 있는 집'이 되도록 계획했다.

집의 남쪽 끝과 북쪽 끝은 도로와 인접한 단층 건물로, 담장을 만들지 않고 건물의 외벽 면을 도로에 바짝 붙였다. 또한 중앙에 배치한 2층 부분을 이용해 정원을 남북으로 나눴다. 남쪽 정원은 거실이나 식당·욕실과 마주하고 있기 때문에 테라스 쪽에 낙엽수, 이웃집 쪽에 상록수 지대를 만들어 사생활을 보호했다. 이 수

구시히키의 집 II
사이타마 현 사이타마 시
부지 면적 / 366.24㎡
건축 면적 / 199.37㎡

남쪽 정원·잡목림을 만든다.

이곳은 단층집으로 만든다.

남쪽으로 길게 뻗은 잡목 정원에는 때죽나무와 계수나무 2그루 사이를 작은 돌길이 지나간다. 계수나무는 햇빛이 닿으면 동그란 잎이 빛을 투과해서 아름답게 보인다.

판자 울타리

유자나무

준베리

종가시나무

동청목

산톡나무

단풍나무

계수나무

앵도나무

나무문

때죽나무

계수나무

돌길

판자 울타리

올라브나무

도로

테라스

주방

욕실

노린재나무

식당

복도

세면실

버드배스

침실

빨래 건조장

다정큼나무

다락

담장 대신 건물 외벽을 도로에 가까이 붙였다.

부지 동쪽을 크게 비우기 위해 건물을 서쪽 경계 쪽에 치우치게 배치했다.

식재 계획에 관해

남쪽 정원은 건축주의 요청으로 심은 계수나무를 중심으로 식재를 계획했다. 정원을 순회하듯이 돌길을 깔고, 계수나무 2그루 사이에는 버드배스를 설치해 새와의 만남을 즐길 수 있게 했다. 조원 계획과 시공은 구리타 신조 씨(사이엔)가 담당했다.

목 지대는 주위로부터의 시선을 부드럽게 막아 주는 배리어가 되는 동시에 실내에서 봤을 때 햇빛이 숲을 비추는 정경을 만들어낸다.

현관은 비교적 교통량이 적은 북쪽 도로를 향해 배치하고 거리를 향해 열린 정원을 통과하는 진입로를 만들었다. 대팻집나무와 시볼드당단풍 같은 나무들 사이로 돌길이 호를 그리며 손님을 현관 포치까지 천천히 인도한다. 북쪽 정원을 거리를 향해 열어 놓는 대신 포치를 움푹 들어가게 만들고 출입구에 목제 비늘살문을 설치했다. 야간이나 집을 비웠을 때는 이 비늘살문을 닫아 놓으면 방범 측면에서도 안심할 수 있다. 포켓 같은 포치가 현관을 지켜 준다.

포치에서 진입로를 바라본 모습. 비늘살문은 열어 놓은 상태다. 왼쪽은 현관문으로, 미송 문얼굴에 방범 유리를 끼웠다.

식재도와 배치

테라스에 아늑한 나무 그늘이 드리우도록 가지를 넓게 뻗는 다간 수형의 쇠물푸레나무(고목)를 심었다. 조원은 구리타 신조 씨(사이엔)가 담당했다.

판자 울타리(높이 1.2m)
나무문
큰일본 노각나무
퍼진철쭉
진입로
앵도나무
도로
때죽나무
상록풍년화
쇠물푸레나무
동청목
병아리꽃나무
자전거 거치장 입구
처마
주방
거실
채진목
금목서
피아노
식당
테라스
채소밭
서향
쇠물푸레나무
큰일본 노각나무
야외 개수대
유자나무
히페리쿰 모노기붐
블루베리
필케수
앵도나무
공조팝나무
블루베리
N

44

멀리 돌아서 가자

현관을 거리 쪽으로 어떻게 열어 놓을지는 늘 고민되는 부분이다. 문을 열었을 때 실내가 그대로 들여다보이는 것은 피하고 싶고, 비에 젖지 않은 채로 우산을 펴고 싶다. 그리고 가능하면 진입로를 조금이라도 길게 만들고 싶다. 식물들로 가득해 계절별로 다른 표정을 보여주는 진입로는 그 집에 사는 사람뿐만 아니라 거리를 지나는 사람에게도 아름다움과 마음의 여유를 가져다준다고 생각한다.

이 집은 건폐율 40퍼센트, 용적률 80퍼센트 제한이 있는 80제곱미터의 토지에 지은 3층 건물이다. 지형은 남쪽을 향해 낮아지며, 북쪽에 폭 4미터의 도로가 인접해 있다. 지하층은 도로면보다 1.2미터 낮은 곳에, 1층은 1.2미터 높은 곳에 있어서 이웃집의 바닥 높이와 딱 반 층 정도 어긋나 있기 때문에 서로의 시선이 교차하지 않는다.

이 도로에서 진입로를 거쳐 계단을 6단 올라간 곳에 현관이 있다. 진입로는 폭 70센티미터 정도의 좁은 길로, 상징목인 때죽나무를 U자형으로 둘러싸듯이 계단을 설치했다. 도로 사선 제한·북쪽 사선 제한을 충족시키기 위해 남긴 도로변 정원에는 흰 꽃이 피는 나무들을 심었고, 남쪽 정원에는 6.6제곱미터 정도의 텃밭을 만들었다.

이런 조건이기에 실현할 수 있었던 잡목 사이로 이어지는 아늑한 좁은 길은 사회와 개인을 느슨하게 연결하는 '우회로'다. 이런 우회로라면 매일 지나가도 즐겁지 않을까?

다카이도의 집

도쿄 도 스기나미 구
부지 면적 / 80.00㎡
건축 면적 / 31.87㎡

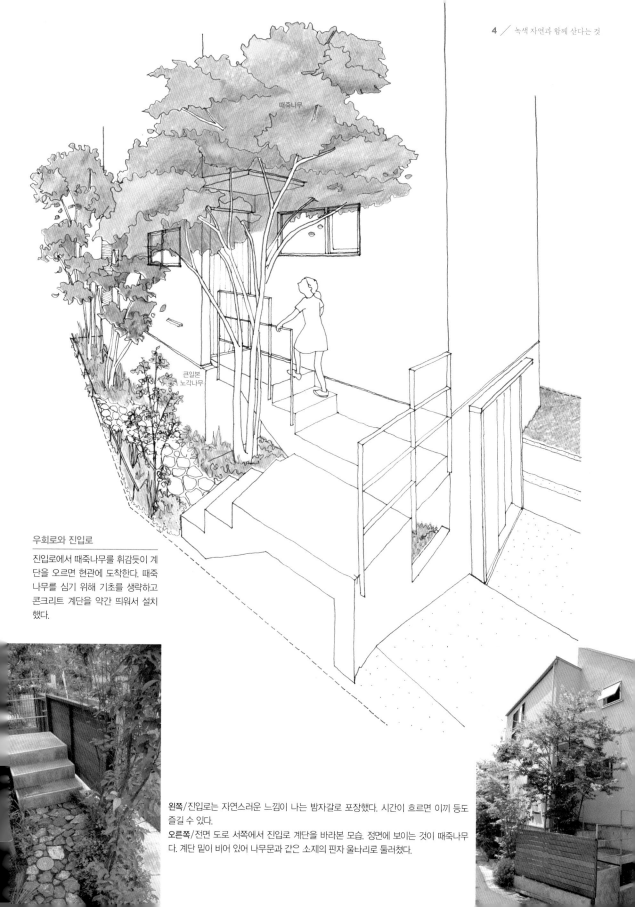

때죽나무

큰일본
노각나무

우회로와 진입로

진입로에서 때죽나무를 휘감듯이 계
단을 오르면 현관에 도착한다. 때죽
나무를 심기 위해 기초를 생략하고
콘크리트 계단을 약간 띄워서 설치
했다.

왼쪽/진입로는 자연스러운 느낌이 나는 밤자갈로 포장했다. 시간이 흐르면 이끼 등도
즐길 수 있다.
오른쪽/전면 도로 서쪽에서 진입로 계단을 바라본 모습. 정면에 보이는 것이 때죽나무
다. 계단 밑이 비어 있어 나무문과 같은 소재의 판자 울나리로 둘러쳤다.

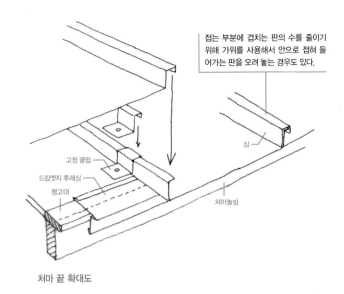

접는 부분에 겹치는 판의 수를 줄이기 위해 가위를 사용해서 안으로 접혀 들어가는 판을 오려 놓는 경우도 있다.

심

고정 클립

드립엣지 후레싱

평고대

처마놀림

처마 끝 확대도

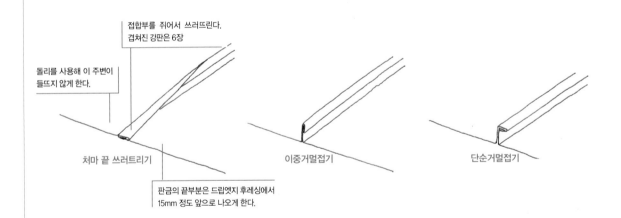

접합부를 쥐어서 쓰러뜨린다.
겹쳐진 강판은 6장

돌리를 사용해 이 주변이 들뜨지 않게 한다.

처마 끝 쓰러트리기

판금의 끝부분은 드립엣지 후레싱에서 15mm 정도 앞으로 나오게 한다.

이중거멀접기

단순거멀접기

이 책에서 소개한 주택 30채 가운데 27채의 지붕은 강판 지붕이며, 그중 22채에는 거멀접기라는 방식을 사용했다. 거멀접기는 현재 기와가락이음을 대체하는 방식으로 널리 보급되어 있다. 단순하고 커다란 지붕이나 경사가 완만한 지붕을 채용할 때 신뢰할 만한 방법으로 여겨지고 있다.

인터로킹 방식의 거멀접기가 많이 사용되고 있기 때문에 도면이나 마감계획표에 단순히 '거멀접기'라고만 적으면 대부분 인터로킹 방식으로 받아들인다. 인터로킹 방식의 거멀접기는 성형된 강판의 한쪽을 나사로 고정한 다음 순서대로 끼워서 맞물리기만 하면 되기 때문에 고정 클립을 부착할 필요가 없다. 기술자의 실력과 노력을 크게 절감할 수 있지만, 그 편리함의 대가는 처마 끝을 마무리할 때 찾아온다. 외쪽지붕의 경우 상단과 하단 접합부의 단면이 그대로 남는다. 하단의 경우 캡을 씌우면 나아지지만 상단의 경우 드립엣지 후레싱을 2단으로 설치한 것 같은 볼품없는 외관이 되어 버린다.

우리는 인터로킹 방식과 구별하기 위해 도면에 기존의

수작업

처마 끝을
아름답게 보이기 위한
기술자의 수작업

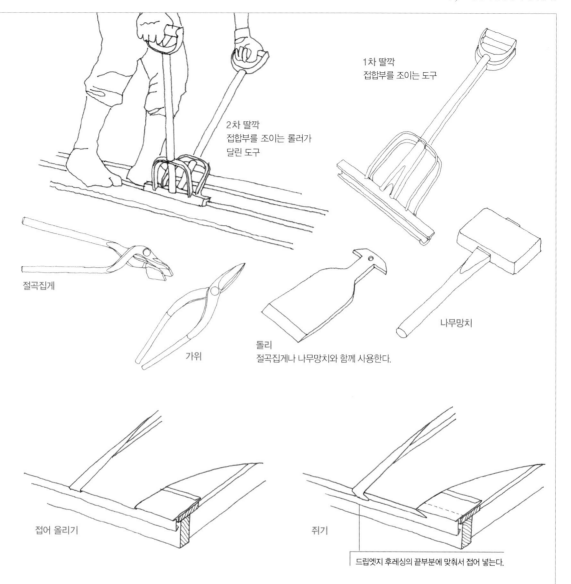

2차 딸깍
접합부를 조이는 롤러가
달린 도구

1차 딸깍
접합부를 조이는 도구

절곡집게

가위

돌리
절곡집게나 나무망치와 함께 사용한다.

나무망치

접어 올리기

쥐기

드립엣지 후레싱의 끝부분에 맞춰서 접어 넣는다.

거멀접기를 '딸깍식 거멀접기'라고 표기한다. 기술자들이 지붕 위에 사용하는 조임 기구를 1번 딸깍, 2번 딸깍이라고 부르기 때문에 이렇게 적어 놓으면 기존 방식으로 지붕을 이어 달라는 메시지가 전해져 접합부를 접고 조여 주는 기술자를 구할 수 있다. 위의 그림처럼 딸깍식의 경우 기본적으로 기술자가 처마 끝 쪽 접합부를 집게로 눌러서 마무리한다. 처마 끝과 가까운 돌출부를 눌러서 쓰러트린 다음 드립엣지 후레싱과 함께 접으면 캡을 사용하지 않고도 처마 끝을 일직선으로 마무리할 수 있다. 게다가 가위를 사용하지 않으며, 판금 끝이 안으로 접혀 들어가므로 상단도 똑같이 마무리할 수 있다. 이 합리적이고 미니멀한 디테일을 앞으로도 계속 사용하고 싶다.

'딸깍식 거멀접기' 지붕(히가시마쓰야마의 집). 처마 끝에서 접어 쓰러트린 접합부가 아름답게 나열되어 있다.
* 지붕 판금 시공·취재 협력/오야 신고(주식회사 요시미 슬레이트 공업)

생활을 돕는 가구·
빌트인 수납 가구·
디테일

복도에서 식당을 바라본 모습. 왼쪽이 식품 저장고다. 가구 표면은 물푸레나무 화장합판이며, 손잡이는 호두나무를 깎아서 만들었다. 물푸레나무 화장합판은 나뭇결이 고른 판을 모으기가 비교적 수월하며, 판목(무늬결)과 정목(곧은결)을 장소에 따라 사용하는 재미가 있다. 싱크대에는 코리안(Corian), 가스레인지 카운터에는 티크를 사용했다. 싱크대의 경우, 실내를 어둡게 만들고 싶지 않을 때는 코리안 카메오화이트를 사용한다. 건축주가 목제 싱크대를 원할 경우는 불과 물에 강한 티크를 사용한다.

45
유비무환

집을 생활하기 편하고 아름다운 상태로 유지하는 비결은 '필요한 것을 필요한 곳에 수납할 수 있는 장소를 만드는 것'이 아닐까 싶다. 그래서 집의 크기와 상관없이 주방 근처에는 반드시 식품 저장고를 만들어야 한다. 식품 저장고라고 하지만 식료품뿐만 아니라 가끔씩 사용하는 가전제품이나 큰 접시, 도정기 등을 수납하는 장소로도 사용되고 있는 듯하다.

2층에 거실·식당이 있는 이 집의 경우 공간을 넉넉하게 확보하기 위해 수납 가구를 제작해 식품 저장고와 거실·식당을 느슨하게 나누기로 했다. 오베체라는 나무를 사용한 2층 천장은 높이가 2.14~2.73미터로 완만한 곡면을 그리며, 식품 저장고 높이는 천장까지는 닿지 않는 2.1미터로 억제했다.

구니타치의 집
도쿄 도 구니타치 시
부지 면적 / 182.77㎡
건축 면적 / 70.44㎡

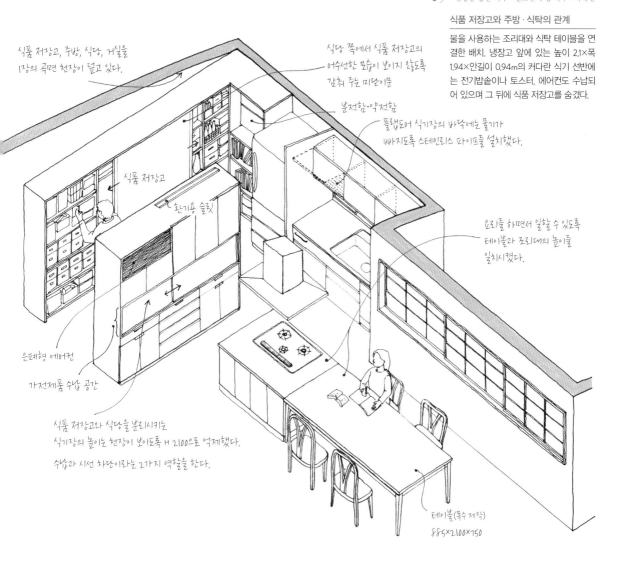

식품 저장고와 주방·식탁의 관계

불을 사용하는 조리대와 식탁 테이블을 연결한 배치. 냉장고 앞에 있는 높이 2.1×폭 1.94×안길이 0.94m의 커다란 식기 선반에는 전기밥솥이나 토스터, 에어컨도 수납되어 있으며 그 뒤에 식품 저장고를 숨겼다.

식품 저장고, 주방, 식당, 거실을 1장의 곡면 천장이 덮고 있다.

식당 쪽에서 식품 저장고의 어수선한 모습이 보이지 않도록 감춰 주는 미닫이문

분전함·약전함

플랩도어 식기장의 바닥에는 물기가 빠지도록 스테인리스 파이프를 설치했다.

식품 저장고

환기용 슬릿

요리를 하면서 일할 수 있도록 테이블과 조리대의 높이를 일치시켰다.

은폐형 에어컨

가전제품 수납 공간

식품 저장고와 식당을 분리시키는 식기장의 높이는 천장이 보이도록 H 2100으로 억제했다. 수납과 시선 차단이라는 2가지 역할을 한다.

테이블(목수 제작) 885×2100×750

또한 "조림을 만들면서 식탁에서 일을 하고 싶습니다"라는 요청에 따라 가스레인지를 아일랜드식으로 만들고 식탁과 연결시켰으며, 조리대는 그 뒤쪽에 냉장고와 나란히 배치했다. 그리고 편히 쉬는 장소인 식탁이나 거실에서는 식품 저장고의 어수선한 모습이 보이지 않도록 선반에 외미닫이문을 달았다.

식품 저장고　주방
식당　거실
빨래 건조장　발코니
현관 (처마)
N

2층의 방 구조
기울어진 곡면 천장으로 덮힌 하나의 공간에 거실·식당 주방이 모두 배치되어 있다.

거실에서 식당·주방을 바라본 모습. 오베체를 사용한 천장이 식기장 위를 지나 식품 저장고까지 이어져 있다.

거실에서 계단 너머에 있는 주방을 바라본 모습. 거실과 주방의 커뮤니케이션이 원활하도록 주방 실내창과 출입문을 미닫이문으로 만들었다.

다카반의 집

도쿄 도 메구로 구
부지 면적 / 100.34㎡
건축 면적 / 57.95㎡

46

벽의 역할

벽의 역할은 먼저 '지붕과 바닥을 지탱하고 방을 나누는 것'이라 할 수 있다. 지붕과 바닥을 지탱하려면 기둥이나 가새가 필요하고, 방을 나누면 이와 동시에 이동이나 채광을 위한 개구부를 만들어야 한다.

주택을 설계할 때 우리는 대부분의 실내 문을 미닫이문으로 만든다. 바람이 빠져나가도록 조금만 열어 놓을 수 있고 여닫이문처럼 문을 열기 위한 공간을 확보할 필요도 없기 때문이다. 그 대신 벽 속에 미닫이문을 집어넣기 위한 공간(포켓)이 필요한데, 이 공간을 확보하기 위해 가새를 생략할 경우 아무래도 벽이 두꺼워질 수밖에 없다.

다카반의 집의 경우, 벽이 두꺼워진 김에 그 안에 여러 기능을 집어넣었다. 벽의 꼭대기에는 에어컨을, 중간 부분에는 출입을 위한 미닫이문과 창문을, 하부에는 식기장을 설치했다. 또한 벽걸이형 TV 튜너를 놓을 곳도 마련했다.

언뜻 봐서는 알기 힘들지만, 기능이 들어간 벽은 지붕과 바닥뿐만 아니라 '생활을 지탱하는 벽'이 되는 것이다.

벽 단면도

기둥과 가새를 포함하는 구조 벽에 은폐형 에어컨을 더한 두께를 벽의 전체 두께로 잡고 빈 공간을 수납공간 혹은 포켓으로 활용한다.

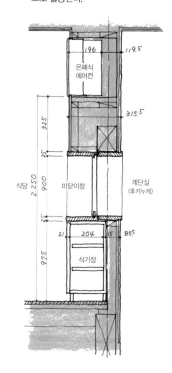

주방・식당(서쪽) 전개도

기둥과 가새, 식기장과 포켓의 관계를 알 수 있는 전개도. 가새벽은 벽걸이형 TV를 걸기 위한 공간으로 활용했다.

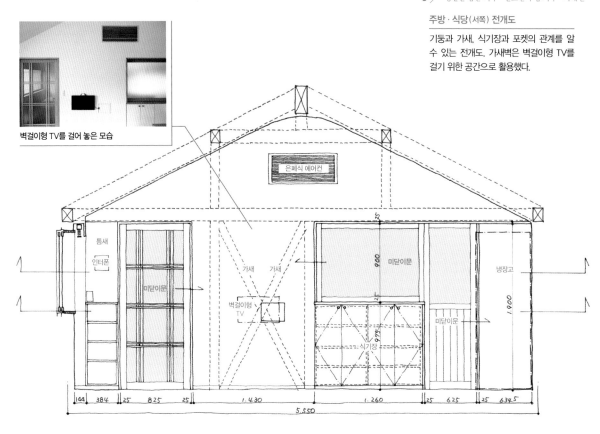

벽걸이형 TV를 걸어 놓은 모습

은폐식 에어컨

틈새
인터폰
미닫이문
가새 가새
벽걸이형 TV
미닫이문
900
미닫이문
식기장
냉장고
1,900
925

| 144 | 384 | 25 | 825 | 25 | 1,430 | 1,260 | 25 | 625 | 25 | 634.5 |

5,550

평면 상세도

위는 미닫이창 높이, 아래는 식기장 높이의 상세도

a-a' 평면 상세도

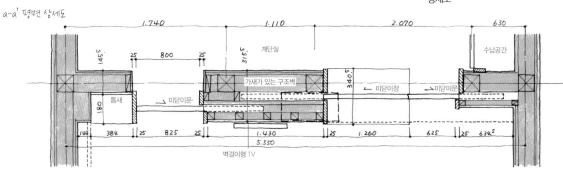

1,740   1,110   2,070   630

5,541   계단실   수납공간

25 800 25   315.5   340.5   미닫이창   미닫이문

틈새
180   가새가 있는 구조벽   미닫이문

144 384 25 825 25   1,430   25 1,260   625 25 634.5

5,550

벽걸이형 TV

b-b' 평면 상세도

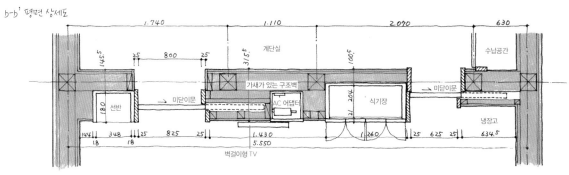

1,740   1,110   2,070   630

5,541   계단실   수납공간

25 800 25   315.5   500.1   미닫이문

선반
180   가새가 있는 구조벽   712.4   식기장

미닫이문   AC 어댑터

냉장고

144 348 25 825 25   1,430   1,260   25 625 25 634.5
18   18

5,550

벽걸이형 TV

빨래 건조장과 세면실, 욕실이 이어져
있다. 천장의 소재는 화백나무로, 소
재를 통일시킴으로써 하나의 큰 방처
럼 보이게 했다.

47

빨래의 행방

나는 빨래를 '잘 마르지만 밖에서는 공공연하게 보이지 않는 장소'에서 말리고 싶다. 일본의 집은 좁은 토지에 짓는 경우가 많기 때문에 2층 발코니에서 빨래를 말리는 것도 이해는 가지만, 가능하면 사람들 눈에 띄지 않는 곳에서 말렸으면 좋겠다고 생각한다. 거리를 지나가는 사람의 눈에 잘 띄지 않고 집 안에서도 휴식을 하는 장소에서는 보이지 않는 곳에 빨래 건조장을 만들고 싶다는 생각에서 통풍과 채광을 확보할 수 있는 세로 격자로 둘러싸인 반(半)실내 빨래 건조장을 만들어 왔다.

가족 전원이 침대가 아니라 바닥에 이부자리를 깔고 자는 이 집의 경우, 빨래 건조장과 이부자리를 널기 위한 발코니를 연결시켰다. 날씨가 좋은 날 이부자리를 널기 위한 장소이므로 발코니 안길이는 60센티미터로 짧지만 길이는 5미터로 넉넉하게 확보했다. 햇볕에 잘 말린 이부자리 향기를 떠올리면 나도 모르게 입꼬리가 올라간다.

이 빨래 건조장의 경우, 세로 격자 옆에 세탁봉걸이 브래킷을 설치했다. 재료는 발코니 바닥과 같은 적삼목이며, 두께 15밀리미터 판을 2장 겹친 다음 구멍을 냈다.

빨래 건조장과 연결된 세면실은 탈의실이나 세탁실을 겸하는 경우도 많아서 물건이 어질러져 있기 쉬운 장소이기 때문에 목적에 맞는 수납공간을 준비할 필요가 있다. 그래서 목제 후크 7개를 판에 꽂아 목욕타월 걸이를 만들고, 그 아래에는 수납장이 딸린 벤치를 놓았다. 또한 세면대 위에는 응급의료품 보관함이 딸린 삼면거울을 달았으며, 세면대 아래에는 행주를 걸거나 체중계를 놓기 위한 공간을 만들어 놓았다.

사쿠라신마치의 집

도쿄 도 세타가야 구
부지 면적 / 127.18㎡
건축 면적 / 59.33㎡

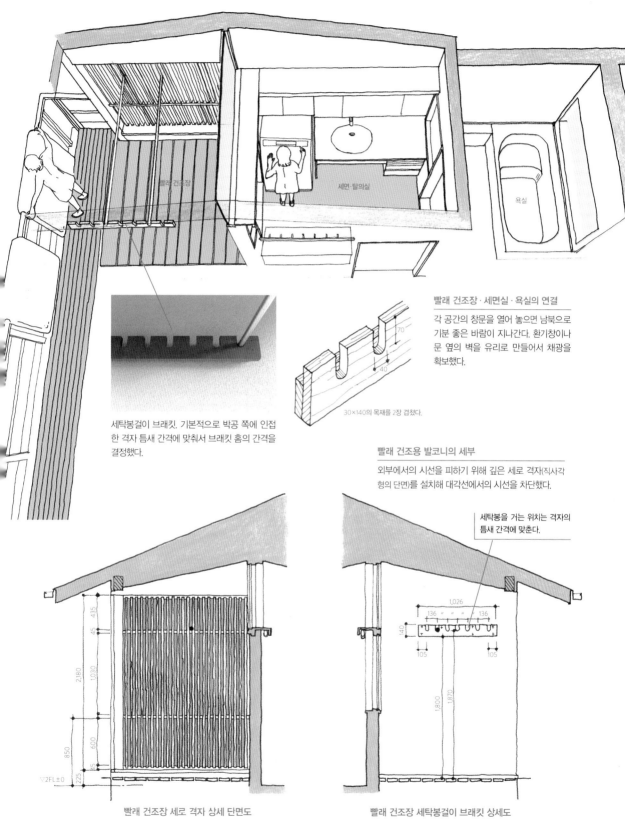

빨래·건조장

세면·탈의실

욕실

세탁봉걸이 브래킷. 기본적으로 박공 쪽에 인접한 격자 틈새 간격에 맞춰서 브래킷 홈의 간격을 결정했다.

빨래 건조장·세면실·욕실의 연결

각 공간의 창문을 열어 놓으면 남북으로 기분 좋은 바람이 지나간다. 환기창이나 문 옆의 벽을 유리로 만들어서 채광을 확보했다.

70

40

30×140의 목재를 2장 겹쳤다.

빨래 건조용 발코니의 세부

외부에서의 시선을 피하기 위해 깊은 세로 격자(직사각형의 단면)를 설치해 대각선에서의 시선을 차단했다.

세탁봉을 거는 위치는 격자의 틈새 간격에 맞춘다.

435
45
1,030
2,180
600
45
850
225
▽2FL±0

1,026
136 136
140
105 105
1,870
1,800

빨래 건조장 세로 격자 상세 단면도

빨래 건조장 세탁봉걸이 브래킷 상세도

천장의 꼭대기를 동그스름하게 다듬어서 빛이 부드럽게 감돌도록 만들었다. 검게 보이는 것은 빌트인 가구 속에 집어넣은 와인셀러다.

48

개방형 주방을 만드는 이유

조건에 따라 거실이나 식당을 최상층에 배치할 때가 있다. 밝고, 조망도 기대할 수 있으며, 천장 높이를 자유롭게 설정할 수 있다는 것도 매력 포인트다. 또한 아래층에 침실 등 칸막이벽이 많은 방을 배치하면 구조적으로 무리 없이 넓은 공간을 확보할 수 있다는 이점도 있다. 이 집이 바로 그런 곳으로, 북쪽 사선 제한을 충족시키는 높이를 기준으로 기울기가 26.6도인 박공지붕을 얹었다. 빛이 부드럽게 감도는 2층 천장의 꼭대기는 동그스름한 것이 온화한 인상을 준다.

거실에는 소파를 놓지 않았으며, 바닥에 앉는 것을 가정했기 때문에 계단실을 사이에 두고 식당과 거실을 나누는 구조를 계획했다. 공간을 나눠서 좁은 느낌이 들지 않도록 두 공간을 완전히 나누지 않고 시선이 이어지게 했다. 또한 주방과 식당 사이에 높은 캐비닛을 설치하지 않음으로써 삼각 김밥 모양의 천장 단면이 보이게 했다. 이용의 편의성뿐만 아니라 집의 공간 구성을 감안해서 결정한 개방형 주방이다.

개방형 주방을 만들면 그만큼 수납 능력이 감소하기 때문에 필요한 물건을 무리 없이 수납할 수 있도록 건축주와 의논하면서 가구를 조합한다. 이 집의 경우 와인셀러를 수납할 공간과 파이를 반죽할 공간 등을 마련했다. 물론 집안일을 하다 잠시 손을 멈추고 쉬면서 먼 곳을 바라보기 위한 개구부도 확보했다.

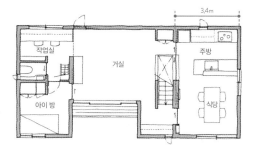

2층의 방 배치
주방+식당과 거실을 분리시킨 방 배치. 의자에 앉는 식당과 바닥에 앉는 거실로 공간을 나눴다.

다카반의 집
도쿄 도 메구로 구
부지 면적 / 100.34㎡
건축 면적 / 57.95㎡

벽: 하이드로세라믹스 벽

상판: 물푸레나무

1,125

수납장
(안길이 620mm)

배선·반죽 공간

와인셀러

타월 걸이

수납공간
(식당 쪽에서 필요한 물건을 넣어 두는 곳)

뿌리채소 보관함
(서랍형)

주방의 전체적인 모습

계단 너머로 거실에 있는 사람과 커
뮤니케이션을 할 수 있다. 사진은 유
리 미닫이문을 열어 놓은 모습이다.

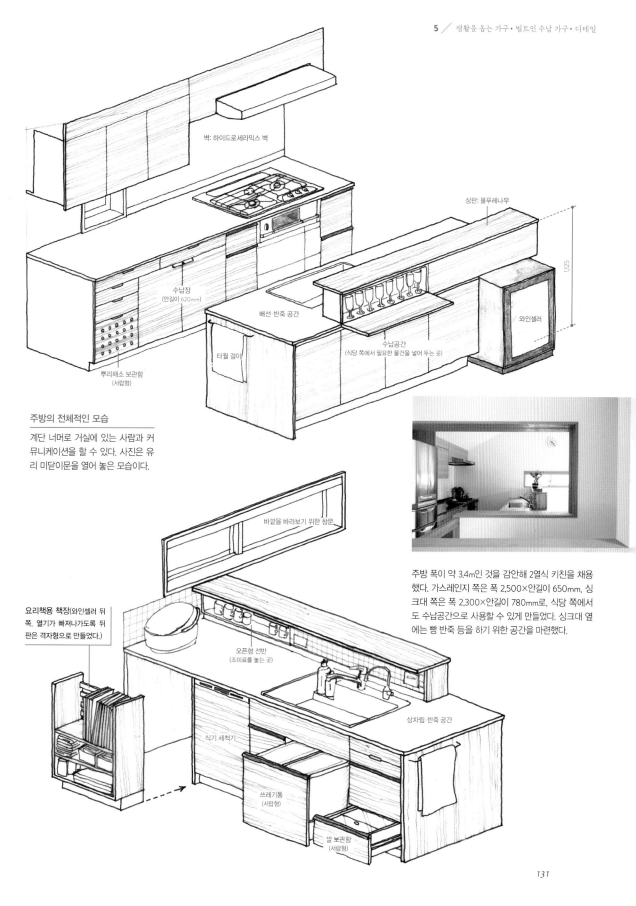

바깥을 바라보기 위한 창문

주방 폭이 약 3.4m인 것을 감안해 2열식 키친을 채용
했다. 가스레인지 쪽 폭 2,500×안길이 650mm, 싱
크대 쪽은 폭 2,300×안길이 780mm로, 식당 쪽에서
도 수납공간으로 사용할 수 있게 만들었다. 싱크대 옆
에는 빵 반죽 등을 하기 위한 공간을 마련했다.

요리책용 책장(와인셀러 뒤
쪽. 열기가 빠져나가도록 뒤
판은 격자형으로 만들었다.)

오픈형 선반
(조미료를 놓는 곳)

식기 세척기

상차림·반죽 공간

쓰레기통
(서랍형)

쌀 보관함
(서랍형)

흰색으로 도색한 루버를 통해 부드러운 빛이 내려오는 현관 앞의 모습. 현관문 옆의 벽에는 사람의 기척과 빛을 은은하게 느낄 수 있는 유리를 채용했다. 신발 등을 수납하는 현관 수납장은 물푸레나무로 제작했다.

49

현관을

가득 채우는

빛

현관을 배치할 때는 길가에서 집 안이 들여다보이지 않도록 배려한다. 설령 도로에서 안쪽으로 들어간 곳에 현관문이 있다 해도 도로와 마주보는 위치라면 통행인의 시선이 신경 쓰이기 마련이다.

이 집의 경우, 현관문이 도로를 향하고 있지만 집 안이 보이지 않도록 도로 쪽에 벽을 설치했다. 현관으로 향하는 외부 진입로는 길지 않지만, 지붕 밑 포치는 느긋하게 우산을 펼칠 수 있을 만큼 넓다. 물론 그만큼 현관과 홀이 쑥 들어가 있다. 그래서 어두워지지 않도록 천창을 설치해 현관 전체에 빛을 끌어들였다. 다만 직접적으로 들어오는 햇볕은 너무 강렬하기 때문에 루버를 설치해 빛을 부드럽게 만들었다. 덕분에 현관문, 주차장으로 들어가는 문, 옆문, 외부 수납공간의 문 등 빛이 필요한 곳이 충분히 밝아져서 한낮에는 조명등이 필요 없는 현관이 되었다.

햇빛을 흡수해 주는 현관 앞의 검게 태운 삼나무 외벽과 실내의 하얀 천장, 그리고 천창을 통해 들어와 벽에 반사된 부드러운 빛의 대비. 어딘가 마음을 차분하게 가라앉혀 주는 현관이다.

히가시마쓰야마의 집
사이타마 현 히가시마쓰야마 시
부지 면적 / 257.92㎡
건축 면적 / 121.09㎡

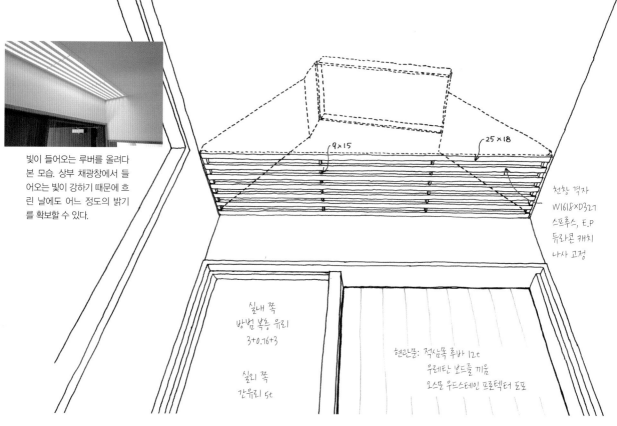

빛이 들어오는 루버를 올려다 본 모습. 상부 채광창에서 들어오는 빛이 강하기 때문에 흐린 날에도 어느 정도의 밝기를 확보할 수 있다.

9×15

25×18

천창 격자
W1618×D327
스프루스, E.P
듀라콘 캐치
나사 고정

실내 쪽
방범 복층 유리
3+0.76+3

실외 쪽
간유리 5t

현관난문: 적삼목 루바 12t
우레탄 보드를 끼움
오스모 우드스테인 프로텍터 도포

상부 채광창과 루버의 관계

루버는 스프루스에 EP를 도장했다. 상부 채광창에서 들어온 빛이 복도 전체에 퍼지도록 천장 일부를 보드로 가공해 비스듬하게 만들고 루버를 끼워 넣었다.

1층 방 배치

도로에서의 시선으로부터 현관 앞을 보호하기 위해 포치에 벽과 지붕을 설치했다. 현관에는 인접한 주차장으로 직접 통하는 출입구와 주방으로 이어지는 문도 있다.

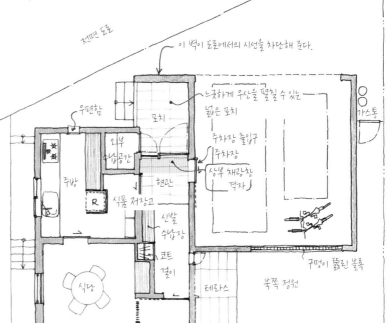

전면 도로

이 벽이 도로에서의 시선을 차단해 준다.

우편함

포치

인부
수납공간

느긋하게 우산을 펼칠 수 있는
넓은 포치

주차장 출입구

주차장

상부 채광창
격자

가스통

주방

R

식품 저장고

현관

신발
수납장

코트
걸이

식당

남쪽 정원

테라스

북쪽 정원

구멍이 뚫린 블록

지름 27cm 정도의 커다란 접시를 20장 이상 장식하기 위한 대형 장식장. 먼지 등을 방지하기 위해 위쪽 4단에는 유리문을 설치했다. 장식장 왼쪽에는 건축주 바람에 따라 옷장을 설치했다. 상부는 에어컨 수납공간이며, 하부는 수납용 서랍이다.

50

장식을 위한 보이지 않는 궁리

인간에게는 '무언가를 장식하고 싶다'라는 본능이 있는 것 같다는 느낌을 종종 받는다. 손님을 맞이하기 위한 꽃 같은 장식이 아니라 자신을 위해, 가족을 위해, 추억이 담긴 물건이나 마음에 든 물건을 감상하면서 사는 것은 집을 '내 집'답게 만드는 중요한 요소가 아닐까?

거실을 설계할 때의 조건은 가족을 보는 방향, 정원을 보는 방향, TV를 보는 방향 등 세 방향을 적절히 배치하는 것이다. 이 집의 경우 아내가 취미로 수집한 수십 점의 델프트 도자기를 매일 감상할 수 있는 장소를 만들게 되어서, 후키누케가 있는 거실의 동쪽 벽에 캣워크까지의 높이 2.5미터를 장식장 설치 공간으로 할당했다. 접시 크기를 기준으로 삼아 장식장 한 칸의 높이는 300~380밀리미터로 설정했고, 먼지가 들어가지 않도록 유리문을 달고 싶다는 요청이 있었기에 4밀리미터 두께의 강화 유리 무게와 장식할 도자기의 무게를 지탱하기 위해 세로판을 이중으로 설치하고 유리문의 손잡이로 가렸다.

기본 소재는 다른 창호나 가구에 맞춰 참나무를 사용했다. 카운터나 유리문의 틀에 닿는 부분에는 원목판을, 장식장 뒤판에는 정목을, 선반널에는 판목을 사용했다. 후키누케에서 내려다봤을 때 아름다운 나뭇결이 보인다. 손잡이는 참나무보다 색이 진한 호두나무를 깎아서 만들었다.

장식을 위한 보이지 않는 고민과 사전 작업이 이 대형 장식장과 건축주의 바람을 지탱하고 있는 것이다.

구시히키의 집 II

사이타마 현 사이타마 시
부지 면적 / 366.24㎡
건축 면적 / 199.37㎡

장식장의 구조

상부의 캣워크를 사람이 걸었을 때 생기는 휘어짐을 가구 전체가 지탱할 수 있도록 세로판 수와 간격을 검토했다. 뒤판은 참나무 정목, 그 밖의 부분은 참나무 판목을 사용했다.

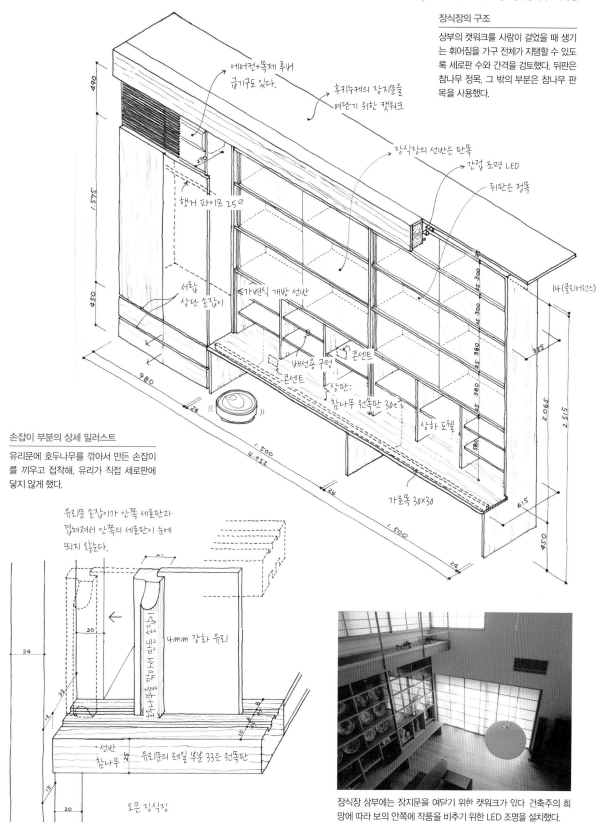

에어컨+목제 후버 금기구도 있다.

후키누케의 장지문을 여닫기 위한 캣워크

장식장의 선반은 판목

간접 조명 LED

뒤판은 정목

행거 파이프 25∅

서랍 상단 손잡이

가변식 개방 선반

배선용 구멍

콘센트

콘센트

상판: 참나무 원목판 30t

상하 도웰

가로목 30×30

490 / 1,575 / 450

980

24

1,500

4,052

24

270

14 (클리어런스)

355

2,065

2,515

615

450

45 · 300 · 45 · 300 · 45 · 380 · 45 · 380 · 45 · 580 · 45

손잡이 부분의 상세 일러스트

유리문에 호두나무를 깎아서 만든 손잡이를 끼우고 접착해, 유리가 직접 세로판에 닿지 않게 했다.

유리문 손잡이가 안쪽 세로판과 겹쳐져서 안쪽의 세로판이 눈에 띄지 않는다.

4mm 강화 유리

20

33

12

24

24

25

15

20

선반 참나무 25

유리문의 레일 부분 33은 원목판

오픈 장식장

장식장 상부에는 장지문을 여닫기 위한 캣워크가 있다. 건축주의 희망에 따라 보의 안쪽에 작품을 비추기 위한 LED 조명을 설치했다.

왼쪽/접이식 테이블을 집
어넣은 상태.
오른쪽/나비 모양의 세로
받침대로 테이블 판을 지
탱한다. 받침대를 90도 회
전시키면 테이블을 집어넣
을 수 있다.

51

주방을 위한

여러 가지

방법

집을 설계할 때는 반드시 주방
을 설계하게 된다. 주방에는 넓이,
다른 방과의 관계, 주방을 사용하
는 사람의 수와 키·몸집, 사용하
고자 하는 조리 기구 종류와 수납
공간의 취향 등 매번 다른 조건이
붙는다. 거주자와 이야기를 나누
는 과정에서 아이디어가 떠오르
거나 배움을 얻는 경우도 많다. 가
능하다면 가족 구성원 모두가 쉽
게 사용할 수 있고 요리가 즐거워
지는 주방을 만들기 위해 매번 머
리를 쥐어짜며 분투하고 있다.

여기에서는 그런 방법 중 몇 가
지를 소개하겠다.

접이식 아침식사 테이블

바쁜 아침에 가족의 식사를 차리거나 홈파티의 요리
를 올려놓는 공간으로 사용하고 싶다는 건축주의 희
망에 따라 제작한 것(히가시타마가와의 집)

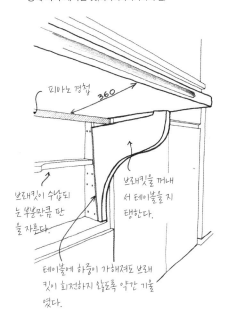

피아노 경첩
360

브래킷이 수납되
는 부분만큼 판
을 자른다.

브래킷을 꺼내
서 테이블을 지
탱한다.

테이블에 하중이 가해져도 브래
킷이 회전하지 않도록 약간 기울
였다.

독서대

요리책을 보면서 요리하기 쉽도록 조리 카운
터에 독서대를 설치했다. 금속 부품을 사용하
지 않고 목재의 가공만으로 독서대를 꺼내고
집어넣을 수 있도록 만들었다(스이도의 집).

집어넣은 상태

꺼내는 도중의 상태

완전히 꺼낸 상태

식기 건조 선반

9~11∅의 스테인리스 파이프를 25mm 간격으로 배치해 만들었다.

공간과 조건에 맞춰 만든 주방

기성품 주방의 종류도 다양해졌지만, 모듈은 쉽게 바꿀 수 없는 것이 현실이다. 주방도 함께 설계함으로써 건축 전체의 질을 향상시킨다(구시히키의 집 I).

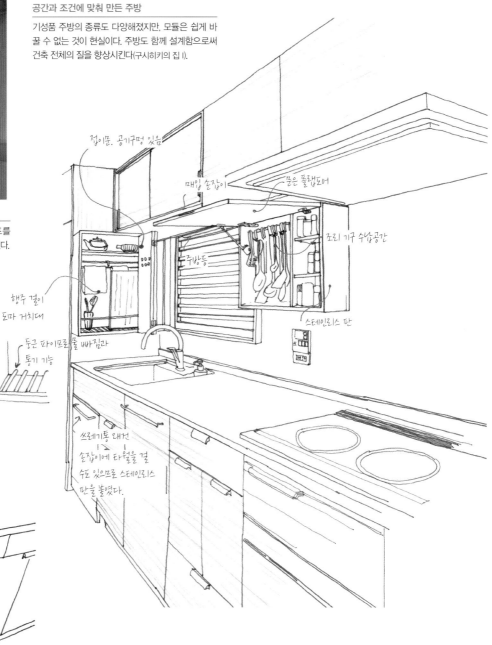

접이문. 공기구멍 있음

매입 손잡이

문은 플랩도어

조리 기구 수납공간

주방등

스테인리스 판

행주 걸이 도마 거치대

둥근 파이프라 물 빠짐과 통기 기능

쓰레기통 래건 손잡이에 타월을 걸 수도 있으므로 스테인리스 판을 붙였다.

뿌리채소용 서랍

뿌리채소를 보관할 수 있도록 통기공을 뚫어 놓았다.

쌀 보관함

경사가 있는 스테인리스 상자에 아크릴판으로 뚜껑을 달았다.

식칼 보관함

식칼의 수가 많은 집에서는 서랍식 식칼 보관함을 만들면 편리하다.

식당에서 주방을 바라본 모습. 오른쪽 벽 내부에 냉장고와 벽면 수납공간을 설치했다. 식탁에서 냉장고가 직접 보이지 않도록 배려했다. 카운터와 수납공간의 표면 소재는 창호나 틀과 똑같은 나왕을 사용했다.

52

주방의 수납공간을 효율적으로 배치한다

대면형 조리대는 주방 쪽과 식당 쪽의 사용 편의성에 따라 카운터 아래 수납공간의 조합이 결정된다. 주방 쪽 카운터 아래 수납공간은 식기 세척기 설치를 고려하면 안길이 65센티미터 정도가 필요한 경우가 많다. 식기 세척기 이외의 수납공간은 조리 기구나 조미료를 수납하는 공간을 안길이 45~54센티미터, 식당 쪽에서 사용하는 수납공간을 안길이 24~30센티미터로 만들어 양면에 배치하면 편리하다.

싱크대 아래는 급탕·급수관, 정수기 카트리지 등을 수납하는 공간이 필요하므로 식당 쪽에서 사용할 수 있는 안길이는 얕아진다. 또한 배관 트랩(스트레이너)의 위치는 싱크대 아래의 활용 방식(쓰레기통을 놓는다, 냄비를 수납한다 등)에 맞춰서 바꾼다. 배관 트랩은 싱크대 중앙이나 중심 기준으로 상부 모서리로부터 약 160밀리미터 떨어진 곳에 설치할 수 있다. 조리대 위 수납공간은 조미료나 컵을 놓거나 식당 쪽에서 손이 보이지 않게 감추는 데도 도움이 된다. 카운터는 내구성도 생각해 원목재를 사용한다.

이 집의 경우 식당 쪽에 잡지꽂이와 오픈형 선반, 여닫이문이 달린 수납공간을 조합했다. 키가 큰 건축주 부부에게 맞춰 조리대 높이는 900밀리미터, 상단 카운터까지의 높이는 1,225밀리미터로 일반적인 경우보다 높게 설정했다.

오이즈미의 집
도쿄 도 네리마 구
부지 면적 / 125.04㎡
건축 면적 / 51.40㎡

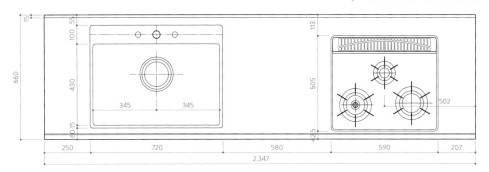

싱크대 아래에 배수구와 급탕・급수관 배관 공간을 확보할 필요가 있기 때문에 식기 세척기 뒤쪽(식당 쪽)의 수납공간은 얕아진다.

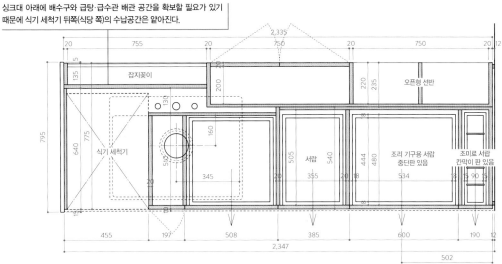

카운터 상세도[S=1:20]

싱크대 왼쪽에 식기 건조대를 놓고, 그 아래에 식기 세척기를 배치한 예. 식기 세척기나 가열 조리기, 가스 오븐 등 빌트인 기기류의 치수는 정해져 있기 때문에 남은 공간을 효율적으로 이용하는 것이 중요하다.

가스레인지 앞은 화기를 피하기 위해 카운터의 안길이를 좁게 만든다.

카운터 단면도[S=1:20]

카운터 높이는 공간의 크기나 거주자의 체격에 따라 조정한다. 상단 카운터는 주방 등의 크기와 상차림에 필요한 공간을 고려해 안길이를 결정했다.

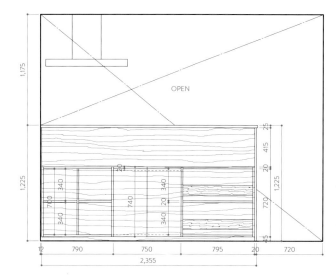

식당 쪽 전개도 [S=1:40]

식기 세척기 뒤쪽은 공간이 조금만 남기 때문에 잡지꽂이로 활용했다. 식당 쪽에는 오픈형 선반, 문이 달린 수납공간, 잡지꽂이 등 3가지 패턴의 수납공간을 배치했다.

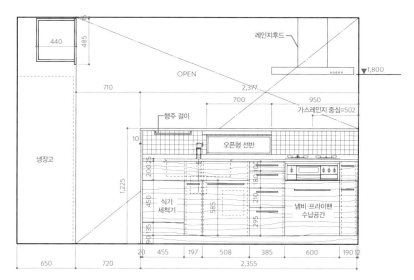

싱크대 쪽 전개도 [S=1:40]

가스레인지 오른쪽 옆에는 냄비나 프라이팬을 불로부터 일시적으로 떨어트리기 위한 공간으로 폭 200밀리미터 정도의 카운터를 설치했다. 그 아래에는 작은 병이나 페트병에 담긴 조미료를 넣어 두는 공간을 만들었다.

식당에서 주방을 바라본 모습. 안쪽에 가스레인지와 싱크대를 일렬로 배치하고, 식당 쪽을 향해 배선 카운터를 설치했다. 거실·식당·주방에 위압감을 주지 않도록 배선대의 높이는 840mm(싱크대 쪽의 카운터와 같은 높이)로 억제했다.

53

키친과 가구의 부피를 생각한다

　이 집의 주방은 지붕을 따라 경사진 천장 아래의 원룸 공간에 자리하고 있다. 식당, 거실과 하나로 연결되어 있는 공간이기 때문에 실내 중심부에 높이가 있는 것, 부피가 있는 것을 두지 않는 편이 공간을 넓게 느낄 수 있으리라 생각했다. 그래서 조리대는 외벽면 쪽에, 배선대는 주방과 식당 사이에 배치했다. 배선대도 조리대도 높이를 84센티미터로 억제하고, 조리에 필요한 가전제품은 전부 여기에 수납할 수 있게 했다.

　주방 쪽 가구에는 플랩도어를 달고, 손잡이는 작업 중에 다리가 부딪히는 일이 없도록 감췄다. 식당 쪽에서 열고 닫을 수 있게 문은 여닫이문으로 했으며, 열기를 빼는 역할도 한다. 냉장고와 비축 식품, 다른 가전제품 등은 인접한 식품 저장고에 수납한다. 레인지후드는 환기 후드가 거의 보이지 않는 빌트인형을 채용했다. 조리대 상부에는 높이 45센티미터×안길이 33센티미터의 식기 선반을 하나만 설치해 깔끔하게 마무리했다.

　가구 표면 소재는 창호나 천장과 같은 나왕을 사용했다. 문짝들은 4×8피트의 화장합판 1장을 잘라서 만들었으며, 문짝과 문짝 사이의 틈새는 3밀리미터다. 상판과 측면 테두리에는 나왕 원목재를 사용하고, 숨긴 손잡이에는 감촉을 우선해 자작나무를 사용했다.

> **이치카와의 집**
> 지바 현 이치카와 시
> 부지 면적 / 284.84㎡
> 건축 면적 / 108.10㎡

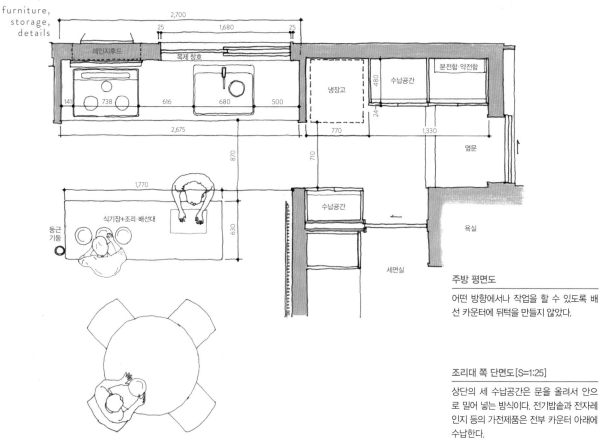

주방 평면도

어떤 방향에서나 작업을 할 수 있도록 배선 카운터에 뒤턱을 만들지 않았다.

조리대 쪽 단면도[S=1:25]

상단의 세 수납공간은 문을 올려서 안으로 밀어 넣는 방식이다. 전기밥솥과 전자레인지 등의 가전제품은 전부 카운터 아래에 수납한다.

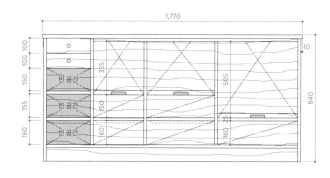

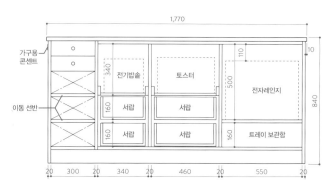

주방에서 식품 저장고를 바라본 모습. 냉장고도 수납하도록 식품 저장고 공간을 충분히 확보했기 때문에 주방의 다른 수납 공간은 벽 선반장과 카운터 아래의 서랍뿐이다.

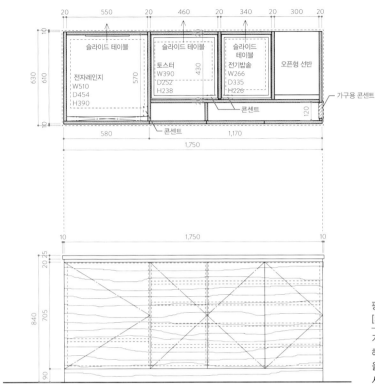

평면 상세도＋식당 쪽 입면도
[S = 1:25]

가전제품 뒤쪽은 배선과 점검, 환기를 위해 문을 열 수 있도록 만들었다. 특히 오븐을 사용할 때는 열기가 머물기 때문에 열고 사용한다.

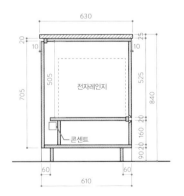

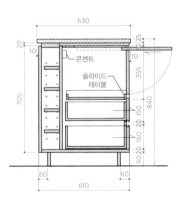

슬라이드식 문을 단 수납공간

싱크대 쪽＋식당 쪽 단면도
[S = 1:25]

작업할 때 발의 위치를 고려해 걸레받이의 깊이를 60mm로 조금 깊게 잡았다.

	조리대 사양	배선대 사양
카운터	스테인리스 헤어라인 마감 두께 1.2mm	나왕 원목재 두께 30mm
왼쪽 끝 손잡이(타월 바)	다카토쿠 CA–15(굵음), L=225	
문	나왕 화장합판 플러시패널 두께 20mm·UC 3부 광택	나왕 화장합판 플러시패널 두께 20mm·UC 3부 광택
선반 내부·선반널 마감	폴리합판 플러시패널 두께 20mm	폴리합판 플러시패널 두께 20mm
손잡이	자작나무 원목재·숨김	자작나무 원목재

북측 사선 제한으로 천장이 낮아졌기 때문에 서까래 노출 방식을 채용해 천장 높이를 확보하고, 높이가 낮은 쪽에 기기를 배치해 공간을 절약했다. 표면 소재인 물푸레나무의 가지런한 가로줄눈을 활용해 더욱 깔끔한 인상을 주도록 궁리했다.

54

물푸레나무로 만든 세면대

서유럽에서는 욕조와 변기, 세면기가 함께 있는 배스룸이 주류라고 생각한다 (핀란드에는 그렇지 않은 주택도 있었지만). 이는 일본과 달리 습도가 낮은 지역이기 때문인지도 모른다. 일본에서 이런 구조를 채용할 때는 환기성이 좋아 건조가 잘 되는 장소를 선택한다. 때로는 변기나 세탁기를 세면실에 함께 배치함으로써 공간을 넓게 사용할 수 있도록 설계하기도 한다.

이 집의 세면실은 긴 쪽 길이가 약 3미터에 넓이는 약 5.8제곱미터로, 비가 내릴 때 실내에서 세탁물을 말리는 공간도 겸한다. 북측 사선 제한을 피하기 위해 경사를 준 최상층에 위치하고 있으며, 인접한 욕실과 세면실 창을 열면 남북으로 바람이 통과하고 세탁물 건조용 발코니가 인접한 동쪽 창을 통해 햇빛도 들어온다.

다카이도의 집
도쿄 도 스기나미 구
부지 면적 / 80.00㎡
건축 면적 / 31.87㎡

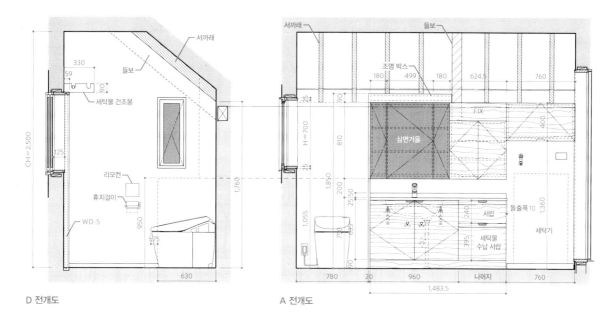

D 전개도   A 전개도

세면실 전개도[S=1:40]

변기와 함께 있는 세면실의 경우, 한정된 면적 속에서
시선이 빠져나갈 곳을 확보하기 위해 변기를 가리는
칸막이 높이를 950~1,000밀리미터로 억제했다.

사진 왼쪽의 창문 너머에는 세탁물 건조용 테라스가 있지만, 비가 내리는 날 사
용하도록 실내에도 세탁물 건조봉을 설치했다.

천장은 일반적인 방식으로 만들면 실내 높이가 낮아지
기 때문에 서까래를 노출시키는 구조를 채용했다. 세탁물
건조봉이 있는 동쪽 천장의 높이는 2.5미터다. 서쪽 천장
은 높이가 1.7미터밖에 안 되지만 머리가 부딪치지 않도
록 수납 가구 등을 놓았다. 서까래가 노출된 만큼 수납 가
구가 깔끔해 보이도록 궁리할 필요가 있는데, 빌트인 가구
라면 그 장소에 맞춰서 가공할 수 있다.

최근에는 빌트인 가구까지 예쁘게 만들어 주는 목수가
늘어났다는 생각이 든다. 그래도 일상적으로 만지게 되는
가구는 세밀한 촉감이나 튼튼함을 생각하면 가구 제작자
에게 의뢰하는 것이 바람직하다. 가구 제작자에게 의뢰할
때의 장점은 재료 선택의 폭이 넓고 현장에 맞춰 유연하게
대응해준다는 점도 있지만 무엇보다 뛰어난 손재주라고
생각한다.

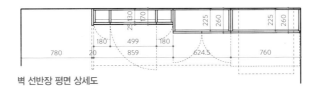

벽 선반장 평면 상세도

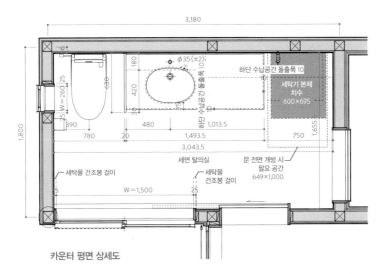

카운터 평면 상세도

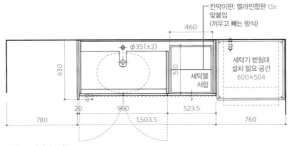

받침부 평면 상세도

세면실 상세도 [S=1:40]

카운터와 세면 볼을 일체 구조로 만들 수 있는 인조 대리석(코리안)을 사용했다. 디자인이 깔끔해질 뿐만 아니라 청소하기도 편하다.

세면실 사양

카운터	코리안 두께 26mm, 백가드: 코리안 H=50
문·오픈부	나왕 화장합판 플러시패널 두께 20mm·UC 3부 광택
세면기	듀폰 코리안·욕실 세면 볼 815
벽 선반장	물푸레나무 합판 플러시패널 두께 20mm, UC+거울
조명	형광등
내부 마감	폴리합판 플러시패널 두께 20mm
수도꼭지	그로헤 32495, 설치 구멍 34~37⌀
손잡이	제작·호두나무 원목재, 다카토쿠

거실·식당·주방 등의 가구에 사용하는 나왕을 세면대에도 채용했다. 세면실의 창호와 틀도 나왕이다(목욕탕의 창틀과 문틀에는 습기에 강한 나한백을 사용했다).

55

나왕으로 만든 세면대

지금까지 세면대 카운터나 세면기 소재로 여러 가지를 사용해 왔는데, 현재 표준으로 사용하는 것은 코리안(인조 대리석)이다. 세면기가 카운터와 같은 높이로 이음새 없이 이어지는 까닭에 청소하기가 쉬워서 마음에 든다. 세면대 아래에는 세탁물 바구니 역할을 하는 서랍과 수건, 드라이어, 비누 등의 비축분을 수납하는 공간을 설치하는 경우가 많은데, 세면실 크기에 맞춰 궁리한다.

이 집의 경우 아래 부분의 공간을 비우고 욕실 매트를 말리기 위한 바를 부착했다. 거울 부분은 안길이 17센티미터 정도의 메디신 캐비닛으로, 삼면거울을 채용했다. 캐비닛 안길이를 얇게 만들면 약이나 화장품 등 캐비닛에 넣은 작은 물건들을 쉽게 찾을 수 있기 때문에 사용하기가 편리하다.

학창 시절에 킴 칸스의 〈베티 데이비스의 눈동자〉라는 노래가 유행했었다. 가사는 몰랐지만, 노래를 들으면 대기실의 전구가 잔뜩 박힌 거울 앞에 앉아 있는 베티 데이비스의 모습이 떠올랐다. 당시 베티 데이비스에 관한 나의 지식은 영화 〈이브의 모든 것〉밖에 없었기 때문이다. 세면대를 설계할 때는 시행착오를 거듭하게 되는데, 천장 조명만 있으면 얼굴이 어두워지고 그렇다고 해서 〈이브의 모든 것〉에 나오는 대기실 조명을 만드는 것은 너무 과하다. 그래서 거울 상부에 조명 박스를 만들고, 박스 내부에 하얀 멜라민 합판을 대서 빛의 반사를 돕기로 했다.

이 박스는 발코니로 통하는 개구부에 길린 롤 스크린 박스와 연결되어 있다.

사쿠라신마치의 집
도쿄 도 세타가야 구
부지 면적 / 127.18㎡
건축 면적 / 59.33㎡

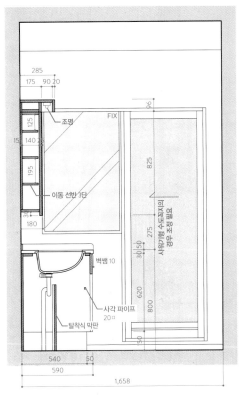

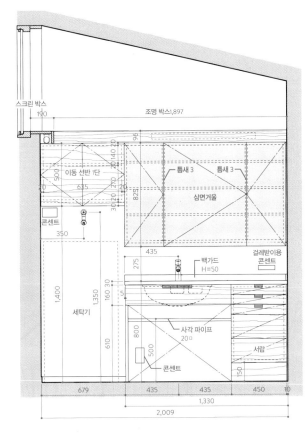

세면실 전개도 [S=1:30]

메디신 캐비닛(벽 선반장)은 삼면거울로 만드는 경우가 많다. 그 상부에 슬림한 온백색 형광등(DN라이팅)을 설치했다. 카운터 아래에는 파이프를 설치해, 욕실 매트 등을 걸거나 매달아 수납할 수 있게 했다(현재는 같은 회사의 라인형 LED 조명을 사용한다).

세면대 카운터 표면에는 나왕을. 손잡이에는 호두나무를 사용했다. 연갈색과 진갈색의 조화도 매력적이다.

세면실 사양

카운터	코리안 두께 25mm, 백가드: 코리안 H=50
문·오픈부	나왕 화장합판 플러시패널 두께 20mm·UC 3부 광택
세면기	듀퐁 코리안 Lavatory Bowl 815
벽 선반장	나왕 합판 플러시패널 두께 20mm·UC 3부 광택
조명	형광등
선반장 내부 마감	폴리합판 플러시패널 두께 20mm
수전	HG FOCUS S 31701
손잡이	제작·호두나무 원목재·UC 3부 광택

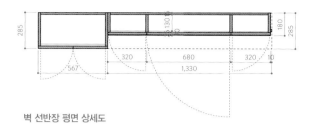

벽 선반장 평면 상세도

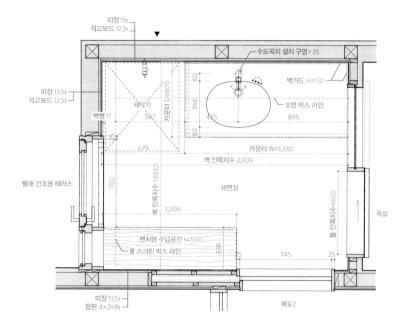

세면실 평면 상세도

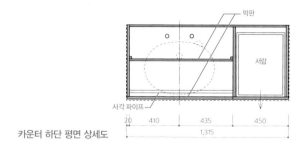

카운터 하단 평면 상세도

세면실 상세도 [S=1:30]

벤치는 좌면을 올리면 타월 등을 넣을 수
있는 수납공간이 된다. 그 뒷면에는 가족
의 목욕 타월을 걸기 위한 후크(5개)를 부
착했다.

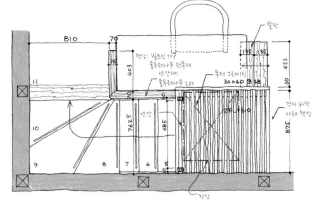

모퉁이 부분에 대한 궁리

모퉁이 부분은 디딤단과 가로목 모두 안쪽은 기둥에, 바깥쪽은 벽에 직접 끼워 넣음으로써 계단옆판을 생략하고 계단의 폭을 넓게 확보했다.

2층 평면도

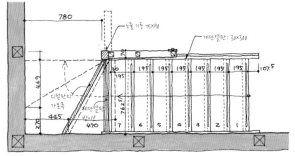

1층 평면도

56

계단의 역할

교도의 집

도쿄 도 세타가야 구
부지 면적 / 41.00㎡
건축 면적 / 24.53㎡

갓 돌을 넘겼을 무렵, 내 아들이 가장 좋아한 놀이는 계단 오르기였다. 세로 방향으로도 몸을 움직일 수 있다는 것이 재미있어서 그랬는지 눈에 보이는 풍경이 바뀌는 것이 신기해서 그랬는지는 알 수 없지만, 계단을 오르고 또 오르는 모습을 지켜보느라 곤혹스러웠던 기억이 난다.

계단은 오르내리는 동작을 동반하는 만큼 당연히 안전해야 하지만, 시점이 변화하는 장소이기에 창문을 통해 들어오는 빛이나 풍경을 다른 각도에서 즐기거나 계단 벽에 좋아하는 물건을 장식하는 등 다른 역할도 기대되는 장소다.

교도의 집의 경우, 천창에서 내려오는 빛이 지하층 현관까지 닿도록 1층에서 다락으로 이어지는 계단을 챌판 없이 마감했다. 그래서 위를 올려다보면 디딤판 아래쪽이 보이기 때문에 직선 계단 부분의 디딤판은 먼저 계단옆판에 끼운 다음 보에 고정시켰다. 그리고 모퉁이 부분은 디딤판과 가로목 모두 안쪽은 기둥에, 바깥쪽은 벽에 직접 끼워 넣었다.

계단은 장기적으로 봤을 때 디딤면 230밀리미터, 챌면 높이 185밀리미터 정도가 적당하다고 느낀다. 또한 계단코의 돌출 길이는 디딤면 치수와 상관없이 30밀리미터를 확보해 놓으면 이 집처럼 콤팩트하고 챌판이 없는 계단이라 해도 편하게 오를 수 있다.

챌판이 없는 계단에는 촉감이 좋은 물푸레나무 원목재를 사용했다. 맨발로 이용한다는 전제 아래 자연 도료 계열의 오일로 닦아내서 마무리했다.

키가 183cm인 사람도 스트레스 없이 오르내릴 수 있게 설계

챕판을 없앰으로써 시선이 빠져나가는 계단이 되어 몸집이 큰 사람도 위압감을 느끼지 않고 오르내릴 수 있다.

가로목의 역할

디딤판 아래를 가로목으로 받쳐 계단코가 휘어지는 현상을 방지함으로써 리드미컬하게 오르내릴 수 있는 계단으로 만들었다.

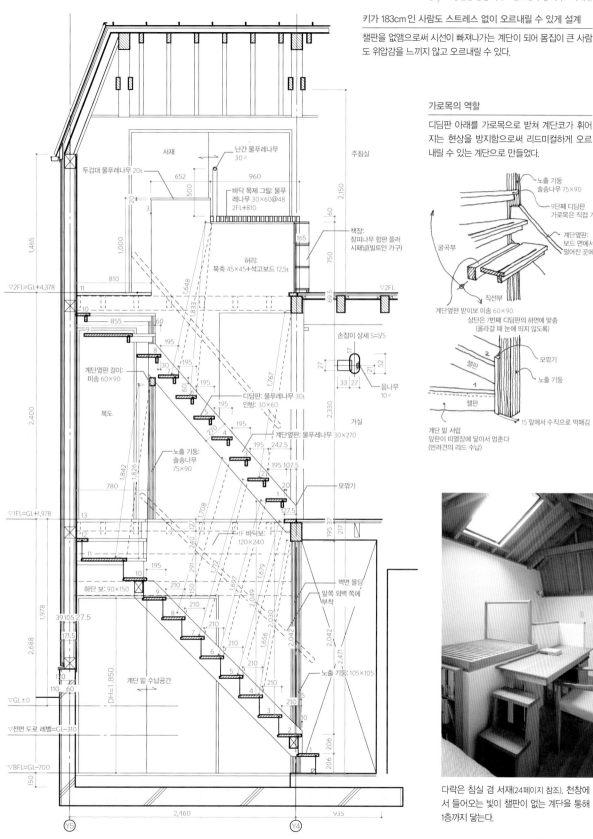

서재 / 난간 물푸레나무 30t / 두겁대 물푸레나무 20t / 바닥 목제 그릴: 물푸레나무 30×60@48 2FL+810 / 책장: 참피나무 합판 플러시패널(빌트인 가구) / 허리: 목축 45×45+석고보드 12.5t / 주침실 / 계단옆판 걸이: 미송 60×90 / 복도 / 노출 기둥: 솔송나무 75×90 / 디딤판: 물푸레나무 30t 인방: 30×60 / 계단옆판: 물푸레나무 30×270 / 거실 / 손잡이 상세 S=1/5 / 음나무 / 모깎기 / 1F 바닥보: 120×240 / 하단 보: 90×150 / 벽면 몰딩 앞쪽 외벽 쪽에 부착 / 노출 기둥: 105×105 / 계단 밑 수납공간

▽2FL=GL+4,378 ▽2FL ▽1FL=GL+1,978 ▽GL±0 ▽전면 도로 레벨=GL-310 ▽BFL=GL-700 DH=1,850

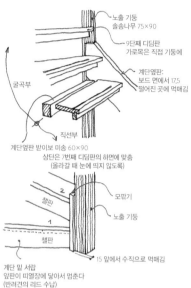

노출 기둥 솔송나무 75×90 / 9단째 디딤판 가로목은 직접 기둥에 / 계단옆판 보드 면에서 17.5 떨어진 곳에 먹매김 / 굴곡부 / 직선부 / 계단옆판 받이보 미송 60×90 / 상단은 7번째 디딤판의 하면에 맞춤 (올라갈 때 눈에 띄지 않도록) / 모깎기 / 노출 기둥 / 챕판 / 계단 밑 서랍 앞판이 띠열장에 닿아서 멈춘다 (반려견의 리드 수납) / 15 앞에서 수직으로 먹매김

다락은 침실 겸 서재(24페이지 참조). 천창에서 들어오는 빛이 챕판이 없는 계단을 통해 1층까지 닿는다.

사진의 TV는 55인치다. 리모컨을 조작하기 위해 오디오 기기 앞의 미서기문에는 천을 붙였다. 미서기문의 손잡이와 서랍 손잡이는 소재를 호두나무로 통일했다.

57

TV 장식장의 정석

집을 설계할 때 주방이나 세면대 등 건축과 관련이 있는 장소의 가구도 함께 만들고 있는데, 최근에는 TV 장식장도 함께 설계하는 일이 늘어났다. TV에는 블루레이 레코더나 DVD 플레이어, 각종 튜너, 오디오 기기, 소프트웨어 등 상호 접속을 통해 사용하는 기기가 많으며, 기기의 수도 각 가정에 따라 차이가 있다. 그래서 모든 기기를 수납할 수 있는 기성품 가구를 찾기보다 집에 딱 맞는 디자인과 재질, 크기의 TV 장식장을 제작하는 편이 나은 경우가 많다.

기본적으로 기기를 수납하는 공간에는 문을 달아 놓는다. TV를 놓는 공간은 대개 휴식을 위한 공간이므로 다양한 형태와 표시 화면이 그대로 보이게 하는 것보다 수납해 놓는 편이 차분하기 때문이다. 문의 소재로는 리모컨에서 나오는 적외선을 수신할 수 있도록 사란 넷이나 종이, 나무 격자 등을 사용해 왔는데, 최근에는 천의 종류가 다양하고 거주자의 취향에 맞추기에도 용이한 장지문용 장지를 사용하고 있다. 뒷면은 배선이 용이하고 열기가 잘 빠져나가도록 가로목만 설치하고 비운다.

또한 장식장이 바닥에 닿는 부분은 걸레받이로 막지 않고 다리를 달아서 공간을 띄워 놓는다. 매년 커지는 TV의 검은 스크린은 존재감과 중량감이 있기 때문에 조금이라도 가벼운 느낌을 주고 싶어서다.

고쿠분지의 집

도쿄 도 고쿠분지 시
부지 면적 / 167.64㎡
건축 면적 / 66.31㎡

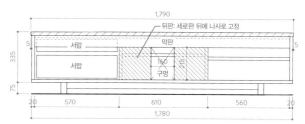

배면도

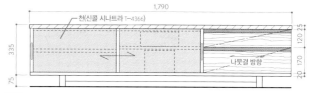

정면도

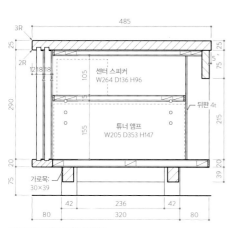

미서기문 부분 단면 상세도

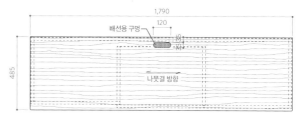

상판 평면도

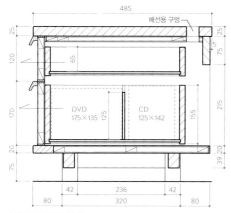

서랍 부분 단면 상세도

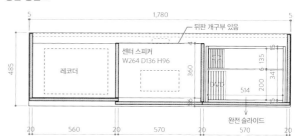

내부 평면도

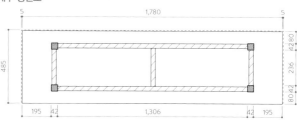

다리 부분 평면도

기기의 진화와 TV 장식장의 변화

최근에는 TV에 접속하는 기기가 많아져서 배선이 복잡해졌기 때문에 TV 장식장 뒷면을 열어 놓는다. TV는 점점 얇아지지만 TV 음성을 오디오와 연결할 경우 사용하는 튜너 앰프의 안길이는 이전과 거의 달라지지 않았다. 이 점이 TV 장식장 안길이를 설계할 때 고민되는 부분이다.

TV 장식장 사양 [도면은 전부 S=1:25]

상판	물푸레나무 원목재 두께 25mm UC 3부 광택
손잡이	호두나무 원목재 · 물푸레나무 원목재
내부 · 선반널 마감	물푸레나무 화장합판 플러시패널 두께 25mm
문	신콜 시나트라 T-4366을 붙임
	물푸레나무 합판 플러시패널 두께 20mm UC 3부 광택
금속 부품	도웰 상하 30피치

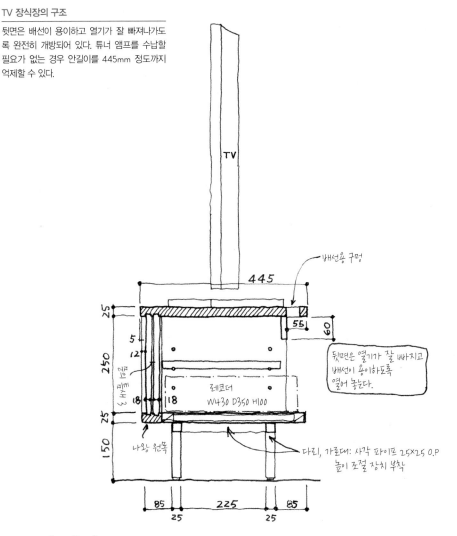

TV 장식장의 구조

뒷면은 배선이 용이하고 열기가 잘 빠져나가도
록 완전히 개방되어 있다. 튜너 앰프를 수납할
필요가 없는 경우 안길이를 445mm 정도까지
억제할 수 있다.

58

벽에 맞춘 TV 장식장

제작하는 다양한 가구 중에서도 TV 장식장은 목적이 단순하다. 주방이나 세
면실처럼 조작성이 복잡하지는 않지만 그 집의 개성을 표현할 수 있어서 설계가
즐겁기도 하다.

이 집의 남쪽 외벽은 그 앞에 있는 산줄기를 따라 살짝 꺾여 있는데, TV 장식
장 뒷면도 살짝 꺾인 벽에 맞췄다. 장식장 앞면은 상판과 바닥판 사이에 문이 끼
워져 있는 것 같은, 수평으로 길게 뻗은 형태다.

최근에는 CD나 DVD 등 미디어를 사용하지 않고 음악이나 영상을 재생할 수
있는 시스템이 등장했지만, 여전히 카세트테이프의 소리를 매력적으로 느끼는 사
람도 있어 TV 주변 기기의 주전 쟁탈전이 더욱 격렬해지고 있다. 앞으로도 TV 장
식장의 형태는 계속 바뀌어 갈 것으로 생각한다.

하세의 집

가나가와 현 가마쿠라 시
부지 면적 / 165.19㎡
건축 면적 / 54.63㎡

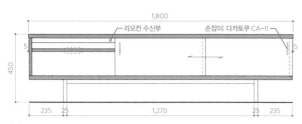

정면도

미서기문(흰색)을 서랍(왼쪽) 앞까지 밀어 놓으면 두 면(중앙·오른쪽)이 오픈형 선반이 된다.

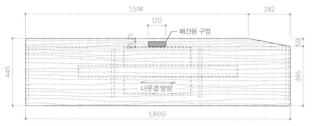

상판 평면도

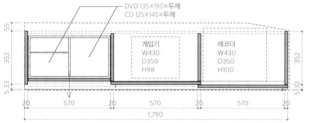

내부 평면도

무거운 느낌을 주지 않기 위한 궁리

다리는 한 변이 25mm인 철제 사각 파이프를 사용했으며 진한 회색의 오일 페인트를 도장했다. TV 장식장이 떠 있는 것처럼 보이도록 다리를 안쪽으로 깊게(85mm) 밀어넣었다.

다리 부분 평면도

안에 무엇을 수납하느냐에 따라 치수가 결정된다

문은 주방 빌트인 가구와 마찬가지로 흰색 래커로 일부를 도장했다. 본체 앞면에 아주 작은 적외선 수신기를 부착함으로써 문을 닫아도 신호를 수신할 수 있게 했다. 미서기문이 우측 옆판을 가려서 옆판이 보이지 않도록 배려했다.

TV 장식장 사양

상판	나왕 원목재 두께 25mm, UC 3부 광택
손잡이	다카토쿠 CA-11(WB)·매입형(숨김)
내부·선반널 마감	나왕 합판 플러시패널 두께 15mm
문	참피나무 합판 플러시패널 두께 18mm, 래커 도장
외부	니왕 합판 플러시패널 두께 20mm, 염색 UC 3부 광택

목재를 수평으로 사용한 난
간 벽[1의 예(고쿠분지의 집)].
바람이 잘 통해서 기분이 좋
다. 발코니에서 식물을 키울
경우 외부에서 난간 벽 사이
로 식물이 들여다보여 아름
답게 보이므로 추천한다.

1 목재를 수평으로 사용한 난간벽

높이 25~30mm에 안길이 60mm 정도
인 목재를 촘촘하게 쌓은 듯이 보이는 난
간벽. 목재의 그림자가 겹쳐서 안쪽이 잘
보이지 않으며, 섬세한 인상을 준다.

59

집의 표정을 만드는
나무 난간벽

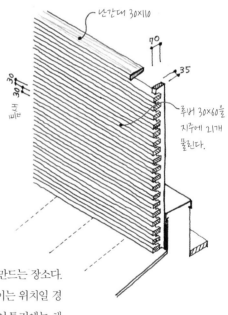

발코니는 바깥 경치를 감상하고 가끔은 이부자리를 널기 위해 만드는 장소다.
그래서 발코니로 통하는 창문은 거리를 지나가는 사람의 눈에 보이는 위치일 경
우가 많기 때문에 시선을 차단하기 위해 난간 벽을 설치한다. 안도 아틀리에는 채
광과 통풍을 위해 목재의 크기와 빈틈의 간격을 바꾼 3종류의 표준 난간 벽을 사
용하고 있다(1~3의 일러스트 참조).

무엇을 보고 싶고 또 무엇을 보이고 싶지 않은지 파악해서 난간 벽을 설치하는
편이 그 집에 사는 사람에게나 거리를 지나는 사람에게나 기분 좋은 발코니가 되
지 않을까? 늘 이런 생각을 하면서 발코니를 만들고 있다.

히가시타마가와의 집
도쿄 도 세타가야 구
부지 면적 / 152.06㎡
건축 면적 / 75.94㎡

앞쪽의 난간 벽은 3의 예. 1보다 사람의 눈이 신경 쓰일 경우에 사용하면 좋다. 모르타르 벽보다는 통기가 잘 되기에 빨래도 잘 마른다. 안쪽의 난간 벽은 2의 예. 개방감이 있지만 시선을 차단하지 못하기 때문에 후미진 장소 등에 사용한다(모두 히가시타마가와의 집).

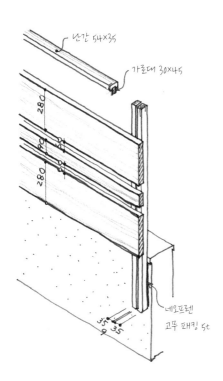

2 폭이 있는 목재를 사용한 난간벽

투바이 목재 등 폭이 있는 목재를 판막으로 사용한 난간 벽. 38×280 혹은 180, 90 등을 조합한다. 힘이 있고 수평선이 강조되는 디자인이 된다.

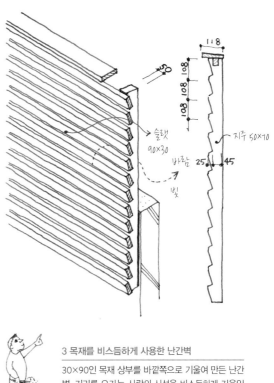

3 목재를 비스듬하게 사용한 난간벽

30×90인 목재 상부를 바깥쪽으로 기울여 만든 난간 벽. 거리를 오가는 사람의 시선을 비스듬하게 기울인 판이 차단해 실내가 보이지 않게 해 준다. 그러나 햇빛은 판과 판 사이로 들어오기 때문에 발코니가 밝고 실내에도 반사광이 들어온다.

3의 예. 지주를 양쪽에 세우고 나무를 끼웠기 때문에 두툼함이 느껴진다. 깊은 그림자를 만들 수 있어서 고급스러운 느낌을 자아낸다.

60

집을

둘러싸는

나무 울타리

　방범을 위해 울타리를 설치해야 할 경우에는 주로 '나무 울타리'를 만든다. 나무 울타리를 만들 때 많이 사용하는 소재는 두께 15~18밀리미터, 폭 90밀리미터 정도의 적삼목이다. 적삼목은 내구성이 우수하고 방충·방부 성능도 있을 뿐만 아니라 가볍고 시공성이 좋은 목재다. 색에 편차가 있다는 것이 난점이지만, 도장을 해서 색을 균일하게 만든다. 기본적으로 채용하는 울타리의 형태는 두 종류다(1, 2의 일러스트 참조).

　가능하다면 울타리를 설치하지 않고 식재를 통해 느슨하게 경계선을 만드는 정도가 적당하다고 생각한다. 눈에 보이는 풍경이 유기적인 편이 마음을 편안하게 만들어 주기 때문이다. 집의 영역을 표시하거나 방범을 위해 굳이 울타리를 설치할 필요 없이 '경계석'만 놓아도 충분한 사회가 된다면 얼마나 좋을까 하는 생각이 든다.

나무문은 한쪽 면에만 나무판을 대서 가볍게 만들었다. 나무문 높이는 약 1.2m, 손잡이 높이는 0.8m다.

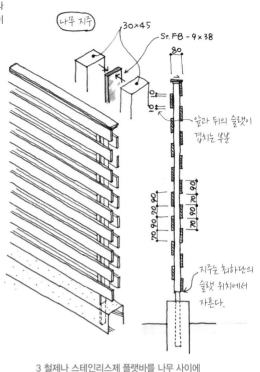

나무 지주
30×45
St. FB - 9 × 38
80
앞과 뒤의 슬랫이 겹치는 부분
지주는 최하단의 슬랫 위치에서 자른다.

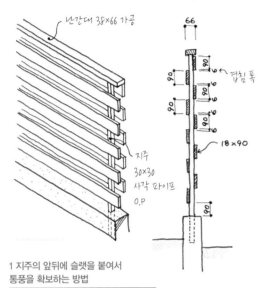

난간대 38×66 가공
66
겹침 폭
90
90
6
90
6
90
6
18 × 90
90
지주 30×30 사각 파이프 O.P

1 지주의 앞뒤에 슬랫을 붙여서 통풍을 확보하는 방법

이 방법은 앞과 뒤 외관에 차이가 없으며, 풍압에도 강하다. 주변에 심은 식물의 잎이 슬랫의 틈새로 뻗어 나오면 길가를 지나가는 통행인의 눈도 즐겁게 할 수 있다. 다만 두께가 있는 만큼 비용과 공간이 필요하다.

3 철제나 스테인리스제 플랫바를 나무 사이에 끼우고 앞뒤에 판을 붙여 고정시키는 방법

양쪽 슬랫이 약간씩 겹치게 함으로써 솔리드한 인상을 만들어낸다. 지주로는 스틸 각재나 플랫바를 사용한다.

샤프하지만 힘이 있으며 수평선이 강조되는 디자인이다.

난간대 StFB-9×50 아연 도금

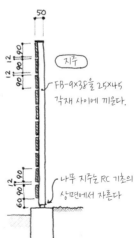

50
지주
FB-9×38을 25×45 각재 사이에 끼운다.
나무 지주는 RC 기초의 상면에서 자른다
12
12
90
12
60
90
25 9 25

2 슬랫을 한쪽에만 붙이고 지주와 난간대에 플랫바를 사용하는 방법

투바이 목재 등 폭이 있는 목재를 면판으로 사용한다. 도로 사면 제한으로 1.2m 이하의 울타리를 만들어야 할 때 채용하는 경우가 많다.

세라믹 계열의 사이딩
으로 마무리한 외관

61
따뜻하게,
시원하게

'고이시카와의 집'이라고 하니, 소설가 고다 로한·고다 아야 일가가 살았던 집
을 '고이시카와의 집'이라고 부른다는 사실이 떠올라 '이 집도 고이시카와의 집
이 되는 구나'라는 생각과 함께 황송한 기분이 들었다. 그리고 박물관인 메이지무
라에 로한 일가가 살았던 집인 '가규안'이 이축되었다는 사실을 떠올리고 '그러
고 보니 그 집에는 욕실이 없었다지…'라는 묘한 생각을 잠시 했다.

이 집의 경우, 건축주의 요청대로 방을 계획하다 보니 2층으로는 부족해서 총
바닥 면적 120제곱미터의 3층 건물이 되었다. 비교적 지반이 좋은 토지여서 주요
구조로는 철골조를 선택했다. 철골조는 목조보다 기둥 수를 줄이고 보의 경간도
길게 만들 수 있기 때문에 평면 설계의 자유도가 커진다. 다만 부지가 준방화 지
역이었기 때문에 외벽에 45분 이상의 내화 성능이 요구되었다. 그래서 외벽에는

고이시카와의 집
도쿄 도 분쿄 구
부지 면적 / 89.65㎡
건축 면적 / 45.93㎡

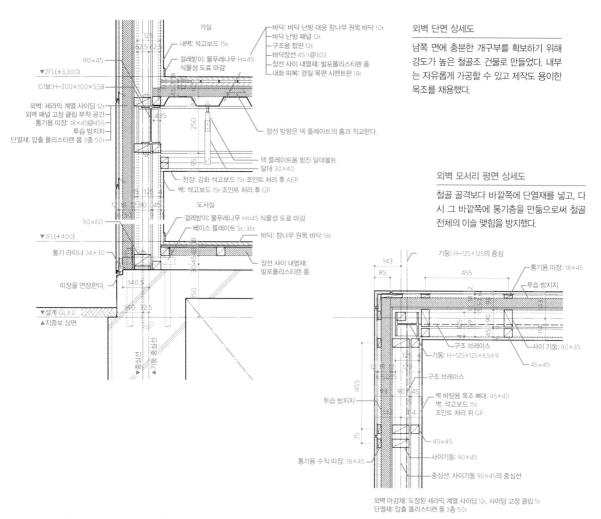

거실

내벽: 석고보드 15t
걸레받이: 물푸레나무 H=45
식물성 도료 마감

바닥: 바닥 난방 대응 참나무 원목 바닥 10t
바닥 난방 패널 12t
구조용 합판 12t
바닥장선 45@303
장선 사이 내열재: 발포폴리스티렌 폼
내화 피복: 경질 목편 시멘트판 18t

90×45
▼2FL(+3,300)
G1보:H-200×100×5.58

외벽: 세라믹 계열 사이딩 12t
외벽 패널 고정 클립 부착 공간
통기용 띠장: 18×45@455
투습 방지지
단열재: 압출 폴리스티렌 폼 3종 50t

장선 방향은 덱 플레이트의 홈과 직교한다.

덱 플레이트용 방진 달대볼트
달대 30×40
천장: 강화 석고보드 15t 조인트 처리 후 AEP
벽: 석고보드 15t 조인트 처리 후 GP

도서실
걸레받이: 물푸레나무 H=45 식물성 도료 마감
베이스 플레이트 St. 36t
바닥: 참나무 원목 바닥 18t

90×60
▼1FL(+400)

통기 라이너 24×30

장선 사이 내열재: 발포폴리스티렌 폼

띠장을 연장한다.

▼설계 GL±0
▲지중보 상면

외벽 단면 상세도

남쪽 면에 충분한 개구부를 확보하기 위해 강도가 높은 철골조 건물로 만들었다. 내부는 자유롭게 가공할 수 있고 제작도 용이한 목조를 채용했다.

외벽 모서리 평면 상세도

철골 골격보다 바깥쪽에 단열재를 넣고, 다시 그 바깥쪽에 통기층을 만듦으로써 철골 전체의 이슬 맺힘을 방지했다.

기둥: H-125×125의 중심
통기용 띠장: 18×45
투습 방지지
구조 브레이스
사이 기둥: 90×45
기둥: H-125×125×6.5×9
45×45
구조 브레이스
벽 바탕용 목조 뼈대: 45×45
벽: 석고보드 15t 조인트 처리 위 GP
투습 방지지
45×45
사이기둥: 90×45
통기용 수직 띠장: 18×45
중심선: 사이기둥 90×45의 중심선

외벽 마감재: 도장된 세라믹 계열 사이딩 12t, 사이딩 고정 클립 5t
단열재: 압출 폴리스티렌 폼 3종 50t

세라믹 계열의 사이딩을, 내벽에는 석고 보드(15밀리미터 두께)를 사용했다.

주요 구조를 철골로 만들 때 신경 쓰이는 부분은 벽 내 환경이다. 철은 열용량이 작아서 이슬이 잘 맺히기 때문에 락울 등의 단열재를 사용하면 젖어서 성능이 저하될 우려가 있다. 그래서 철골 기둥과 보 바깥쪽에 압출 폴리스티렌 폼을 붙여 통기층을 확보한 다음 사이딩을 붙이기로 했다. 그 결과 벽은 두꺼워졌지만 단열 성능이 우수해져서 실내 환경이 1년 내내 안정적인 듯했다.

한신-아와지 대지진을 경험한 건축주의 "튼튼한 집, 시간이 지날수록 더 좋아지는 집이었으면 좋겠습니다"라는 바람이 '목조처럼 보이는 철골조의 시원하고 따뜻한 집'을 이끌어냈다는 생각이 든다.

보통은 철골과 철골 사이에 철제 사이기둥을 넣지만, 여기에서는 목제 사이기둥을 넣어 외벽 바탕을 만들었다. 치수가 자유로워질 뿐만 아니라 목공 공사로도 제작할 수 있다.

Chapter 6 /

customize
texture

감촉을
커스터마이징한다

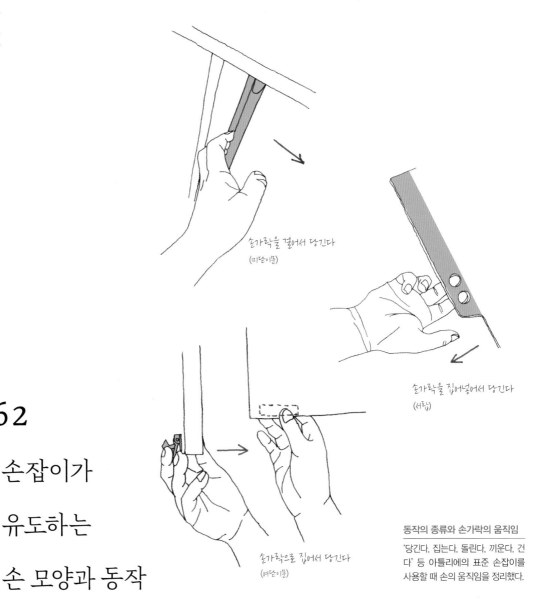

손가락을 걸어서 당긴다
(미닫이문)

손가락을 집어넣어서 당긴다
(서랍)

손가락으로 집어서 당긴다
(여닫이문)

62

손잡이가

유도하는

손 모양과 동작

동작의 종류와 손가락의 움직임
'당긴다, 집는다, 돌린다, 끼운다, 건
다' 등 아틀리에의 표준 손잡이를
사용할 때 손의 움직임을 정리했다.

주택에 필요한 창호·설비·가구는 거주자와 건축물을 연결하는 중요한 부분이
다. 손으로 만지고 여닫기를 반복하는 창호와 설비·기구의 형태는 거주자에게 '안
식처'라는 가치를 가르쳐주는 중요한 요소가 아닐까? 휴대폰이나 컴퓨터를 사용
할수록 복잡한 작업도 능숙하게 더 빠른 시간에 처리할 수 있게 되는 것은 사용자
가 기술을 습득한 덕분일지도 모른다. 그러나 휴대폰 또는 컴퓨터에 마련된 인터페
이스 디자인이 기술을 습득하려는 의욕이나 툴에 대한 애착심에 큰 영향을 끼치는
것도 틀림없는 사실이다.

창호나 설비는 건축물과 동시에 만들어지기 때문에 살면서 조정하거나 변경할
수는 있어도 처음부터 전부 다시 만들기는 매우 어렵다. 처음 설계를 시작했을 무
렵에는 설비나 가구에 금속 손잡이를 다는 경우가 많았지만, 계속 만들다 보니 좀

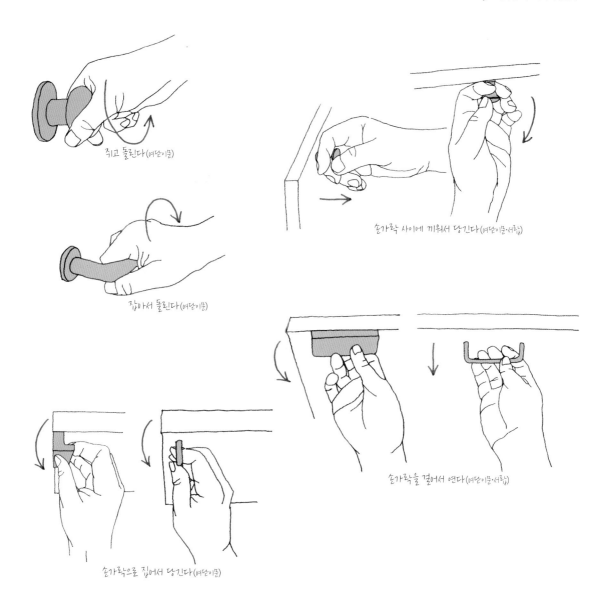

쥐고 돌린다 (여닫이문)

손가락 사이에 끼워서 당긴다 (여닫이문·서랍)

잡아서 돌린다 (여닫이문)

손가락을 걸어서 연다 (여닫이문·서랍)

손가락으로 집어서 당긴다 (여닫이문)

더 손가락 끝에서 느껴지는 촉감이 좋고 온도 차이가 신경 쓰이지 않는 소재, 시간의 흐름에 따라 설비에 사용한 소재와 똑같이 변화하는 소재를 추구하게 되었다. 그리고 현재는 기본적으로 빌트인 가구를 만들 때 함께 나무를 깎아 만든 손잡이 종류를 현장에 지급하고 있다. 나무를 깎아 만드는 경우 필요에 따라 크기 등을 개량하기도 용이하고, 손잡이의 기본 소재를 문 또는 가구의 단단함과 색에 맞춰 바꿀 수도 있다.

둥근 쓰마미 손잡이는 주로 우편함의 실내 쪽 문이나 작은 서랍에 사용하는데, 처음 만들었을 때보다 튀어나온 부분이 슬림해지고 바깥쪽 곡면부가 얇아져서 '손가락으로 집어서 당기는' 데 적합한 형태가 되었다. 처음에는 주방이나 식기장 서랍 또는 여닫이문에 손잡이를 수평하게 달면 윗면에 먼지가 쌓이거나 물이 묻을까 걱정되어 비스듬하게 달았지만, 현재는 수납공간이나 문에 수직으로 달고 있으며 높이를 억제한 I형 단면 유형도 추가했다.

손잡이와 쓰마미 손잡이의 진화

손의 감촉을 고려해 처음 만들었던 때에
비해 쓰마미 손잡이는 조금 덜 부푼 형태
로, 손잡 이 안쪽 손가락을 거는 부분은
모서리를 조금 남긴 형태가 되었다.

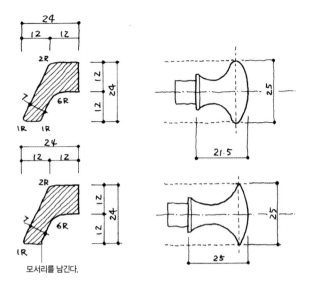

모서리를 남긴다.

왼쪽 위/ 목재를 깎아 만든 둥근
쓰마미 손잡이. 소재는 자작나
무다.
왼쪽 아래/ 모서리를 조금 남긴
손잡이. 소재는 티크다.
오른쪽 위/ 호두나무 손잡이(수직
설치용).
오른쪽 아래/ 얇은 참피나무 합
판을 저판으로 사용한 서랍. 구
멍은 ⌀20 정도가 손가락을 걸
기도 쉽고 빼기도 쉽다.

정면 안쪽이 준공 후에 제작한 벽면 수납장이다(제작/아베 목공). 4년 후에는 서랍식 컴퓨터 테이블을 추가로 제작했다. 앞쪽은 기존 테이블의 다리는 살린 채 상판을 바꾸고 싶다는 의뢰를 받아 만든 접이식 테이블이다.

63

집이 안식처로 바뀌기까지

현장을 인도할 때는 '집'이었던 것이 시간이 흐르면서 '안식처'로 바뀌어 가는 모습을 지켜보는 것은 설계에 관여한 우리에게 그 무엇과도 바꿀 수 없는 행복이다. 이 집은 준공한 뒤 20년이라는 세월 동안 유지에 필요한 보수와 수선은 물론 가구와 설비 등 수많은 장소에 손을 댄 결과 '안식처'가 되었다.

거실 벽면 수납장은 설계 중에 도면을 그려 놓았지만, 건축주 부부가 "입주 후에 어떤 수납공간이 얼마나 필요한지 구체적으로 구상한 다음에 만들고 싶습니다"라고 요청했기 때문에 나중에 만들게 되었다. 또한 침실의 침대 헤드보드와 옷장도 살기 시작한 뒤에 크기와 수납량을 건축주 부부와 확인하면서 장소에 맞춰 만들어 나갔다. 거실과 침실 주변의 수납공간 제작이 끝나사 이듬해에는 소파 제작이나 오랫동안 사용했던 소파 테이블 개조 같은 자잘한 작업에 대해서도 상담 요청을 받았다.

방의 커튼을 바꾸거나 취향에 맞는 세간을 늘리는 것은 거주자의 취미 생활이지 건축가가 할 일이 아니라고 생각할지도 모른다. 그러나 상담 요청을 받는 우리로서는 그저 행복할 따름이다. 집을 만드는 과정에서 구축한 '가치관의 공유'라는 관계를 "연장합시다"라고 건축주 쪽에서 제안하는 것이기 때문이다. 게다가 준공 이후 모습을 보러 갈 구실이 생길 뿐만 아니라 '집을 안식처로 바꾸는' 작업을 도울 수 있기에 이보다 즐거운 일은 없다.

규덴의 집
도쿄 도 세타가야 구
부지 면적 / 123.61㎡
건축 면적 / 61.16㎡

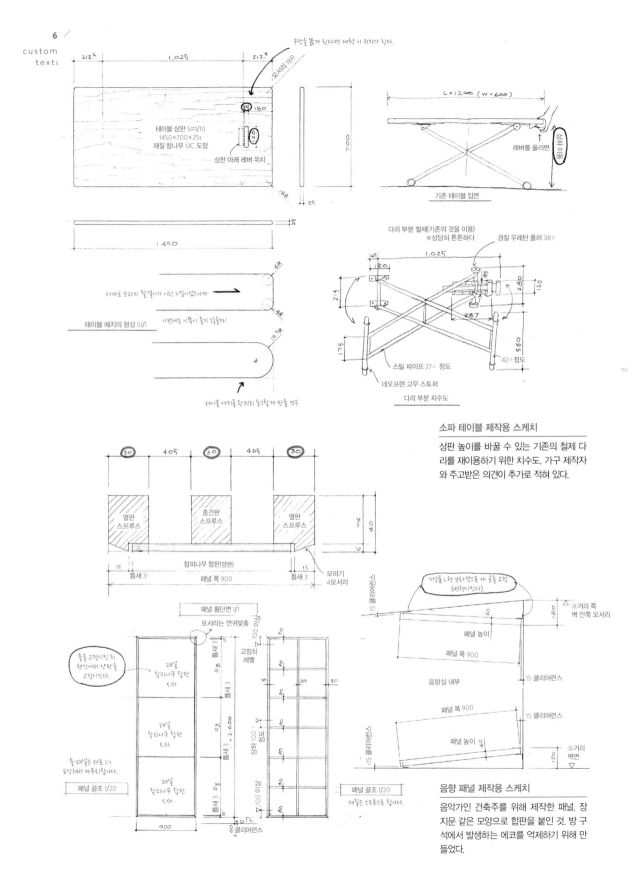

구멍을 뚫게 된다면 대략 이 위치가 된다.

테이블 상판 S=1/10
1450×700×25t
재질 참나무 UC 도장

상판 아래 레버 위치

모서리 18R

L=1200 (W=600)

레버를 올리면

기존 테이블 입면

테이블 에지의 형상 S1/1

아마도 소파의 팔걸이가 이런 느낌이었으니까

이번에는 이쪽이 좋지 않을까!

테이블 에지를 완전히 둥글게 만들 경우

다리 부분 철제(기존의 것을 이용)
※상당히 튼튼하다

경질 우레탄 롤러 38⌀

스틸 파이프 27⌀ 정도

네오프렌 고무 스토퍼

42⌀ 정도

다리 부분 치수도

소파 테이블 제작용 스케치

상판 높이를 바꿀 수 있는 기존의 철제 다리를 재이용하기 위한 치수도. 가구 제작자와 주고받은 의견이 추가로 적혀 있다.

옆판
스프루스

중간판
스프루스

옆판
스프루스

참피나무 합판(양판)

패널 폭 900

틈새 3

틈새 3

모따기
4모서리

패널 횡단면 1/1

모서리는 연귀맞춤

틀을 고정시킨 뒤 현장에서 양판을 고정시킨다.

패널
참피나무 합판
5.5t

패널
참피나무 합판
5.5t

패널
참피나무 합판
5.5t

고정쇠
레벨

틈새 3

상하 100 이상

틀·패널은 EP로 1:1 도장해서 마무리합니다.

패널 골조 1/20

900

클리어런스

FL

패널 골조 1/20

재질은 스프루스로 합니다.

가성틀 L형 브라켓으로 세 곳을 고정
(변형시킨다)

(X)거리 쪽
벽 안쪽 모서리

15 클리어런스

패널 높이

패널 폭 900

음향실 내부

15 클리어런스

패널 폭 900

15 클리어런스

패널 높이

15 클리어런스

(b)거리
벽면

음향 패널 제작용 스케치

음악가인 건축주를 위해 제작한 패널. 장지문 같은 모양으로 합판을 붙인 것. 방 구석에서 발생하는 에코를 억제하기 위해 만들었다.

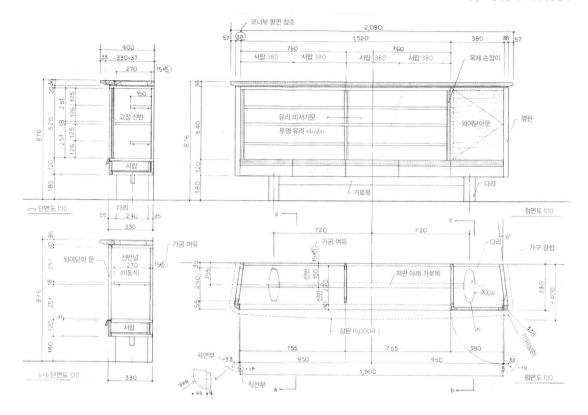

컵보드 설계 스케치

상판은 중앙에서 약간 깊어진다. 티파티를 할 때 포트나 커틀러리의 서비스 카운터로 사용할 수 있도록 높이를 설정했다.

거실의 컵보드(제작/아베 목공). 여행지에서 구입한 티컵과 도자기를 장식하고 싶다는 요청에 따라 제작했다. 기본 소재는 단풍나무 합판 플러시패널이며, 상판의 호두나무는 선단 부분만 원목재를 사용했다.

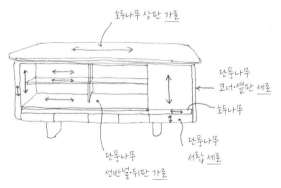

컵보드의 나뭇결을 검토

재질과 나뭇결 방향을 검토했을 때의 스케치. 오른쪽에 있는 외여닫이문과 서랍의 나뭇결 방향은 이후에 가로로 변경했다.

사진 안쪽 좌우에 설치되어 있는 것이 음향 패널이다. 각도를 바꿔 가면서 반향(反響)을 확인하고 설치했다.

169

친숙한 사다리

다락방에 올라가고 내려오는 것은 일상의 일부다. 아이 방에 설치한 사다리는 매끄러운 나무 블록처럼 만들자는 생각으로 제작했다.

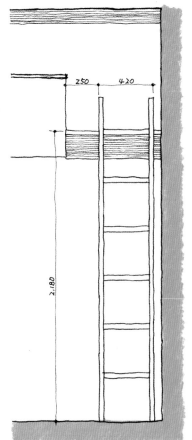

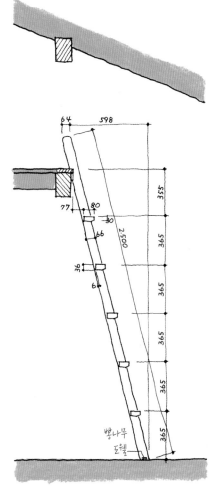

64

디딤판이
있는 사다리

다락 수납공간(로프트)을 설치하는 목적은 다양하다. 아이 방 또는 서재를 만들거나, 거실의 볼륨을 늘리고 싶다거나, 수납 능력을 보강하고 싶다거나…. 이때 계단을 로프트까지 연장할 수 있다면 오르내리기도 편하겠지만, 사다리를 사용해야 할 경우도 있다. 천장 안에 수납할 수 있는 제품도 있지만, 그렇지 않을 경우 항상 눈에 들어오기 때문에 사용하기 편리하면서 겉모습도 좋은 사다리를 만들고 싶기 마련이다.

이 집의 로프트는 아이 방의 연장이다. 사다리 옆판에는 물푸레나무 원목재를, 발판에는 물푸레나무와 비슷한 느낌이지만 색이 진한 티크 원목재를 사용했다. 그리고 미끄러짐을 방지하기 위해 발판에 4밀리미터 홈을 2개 팠다.

매일 같이 이용하지는 않는 계단이랄까, 사다리랄까, 오르내리기 위한 도구

사쿠라신마치의 집

도쿄 도 세타가야 구
부지 면적 / 127.18㎡
건축 면적 / 59.33㎡

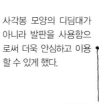

사각봉 모양의 디딤대가
아니라 발판을 사용함으
로써 더욱 안심하고 이용
할 수 있게 했다.

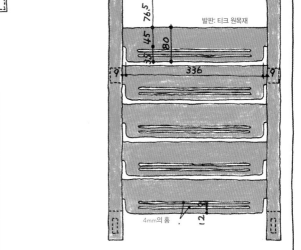

발판: 티크 원목재

4mm의 홈

사다리의 평면 상세도

발판 가장자리를 둥그스름하게 가공
하기 위해 계단판이 옆판에 닿지 않도
록 약간 틈새를 띄웠다.

옆판에는 물푸레나무 원목재를, 발판에는 밀도가 높고 촉감이 좋은 티크 원
목재를 사용했다. 또한 미끄러짐을 방지하기 위해 발판에 4mm의 홈을 팠다.

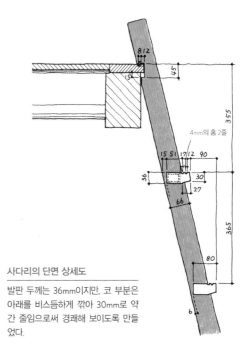

4mm의 홈 2줄

사다리의 단면 상세도

발판 두께는 36mm이지만, 코 부분은
아래를 비스듬하게 깎아 30mm로 약
간 줄임으로써 경쾌해 보이도록 만들
었다.

를 설계할 때 기준으로 삼는 것은 요시무라 준조 건축 사무
소의 1층 응접실과 소장실을 연결하는 계단이다. 챌면 높이
는 240밀리미터, 디딤면은 130밀리미터 정도인 경사가 급
한 계단이지만, 비교적 편하게 오를 수 있다. 과거에 직물업
을 했던 우리 집의 원사 창고에 있었던 사다리는 발판의 안
길이가 75밀리미터에 발판과 발판 사이 높이가 250밀리미
터였지만 실을 끌어안은 채로 오르내릴 수 있었다.

아틀리에의 기본 문. 물푸레나무 정목 합판의 플러시문에 물푸레나무 원목으로 만든 손잡이를 붙인 외미닫이문(센가와의 집).

65
같은 디테일을
계속
사용하면서
보이게 된 것

　우리가 설계한 주택에서 사용하는 칸막이문은 대부분 미닫이문이다. 여닫이문과 달리 반 정도만 열어 놓을 수 있고, 갑자기 바람이 불어서 '쾅!' 하고 닫히는 일도 없다. 문을 당겨서 열기 위해 한 걸음 물러나거나 몸을 옆으로 비킬 필요도 없기 때문에 작은 집이라면 더더욱 문을 여닫을 때 몸을 조금만 움직여도 되는 미닫이문이 편리하다.

　우리는 미닫이문을 설계할 때,

　　1 벽 속에 포켓을 만들어서 밀어 넣는다.

　　2 벽 밖에 문을 밀어 놓을 공간을 마련한다.

　　3 문을 밀어 놓을 공간의 벽을 문의 두께만큼 얇게 만들어 문이 벽보다 튀어나
　　　오지 않게 한다.

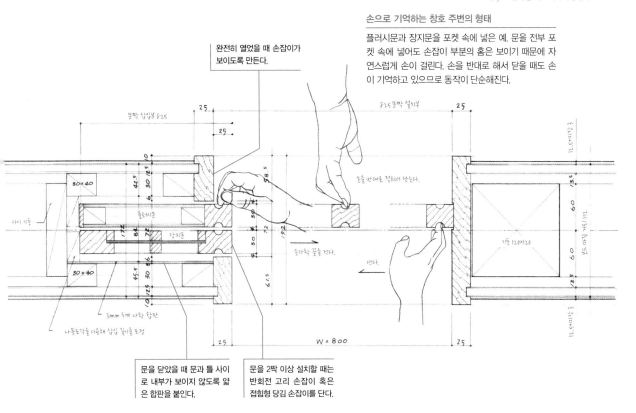

손으로 기억하는 창호 주변의 형태

플러시문과 장지문을 포켓 속에 넣은 예. 문을 전부 포켓 속에 넣어도 손잡이 부분의 홈은 보이기 때문에 자연스럽게 손이 걸린다. 손을 반대로 해서 닫을 때도 손이 기억하고 있으므로 동작이 단순해진다.

이 세 가지 방식 중 하나를 사용한다. 어떤 방식을 사용하든 미닫이문을 열 때는 벽과 문이 겹치게 되므로 손잡이와 자물쇠를 포함해 표면에 크게 튀어나온 것이 없는 문을 만들어야 한다. 또한 가능하면 문을 활짝 열었을 때 문이 최대한 벽에 들어가도록 만들고자 노력한다.

기본적으로는 물푸레나무 정목의 플러시문과 물푸레나무 원목 틀에 전동 루터로 세공한 외미닫이문을 15년 이상 디테일만 조금씩 바꾸면서 사용하고 있다. 처음에는 벽 포켓의 세로틀을 일자로 나란히 배치했기 때문에 손잡이틀만 분리 가능하도록 만들어 놓고 문짝을 상단 레일에 설치한 다음 손잡이틀을 문짝 옆면에 나사로 고정시켰다. 그러나 문을 완전히 열었을 때 문의 단면에 나사가 보여서 영 볼품이 없었기 때문에, 문의 가장자리에 손잡이 홈을 파고 벽 포켓 세로틀을 살짝 어긋나게 배치함으로써 문을 완전히 열었을 때도 한쪽에서는 손잡이가 보이도록 만들었다.

이렇게 하면 좁은 쪽 문틀의 폭(안쪽 치수)이 넓은 쪽보다 20밀리미터 정도 줄어들지만, 완전히 열었을 때 포켓의 세로틀과 문의 단면이 일치해 미관상 보기가 좋아진다.

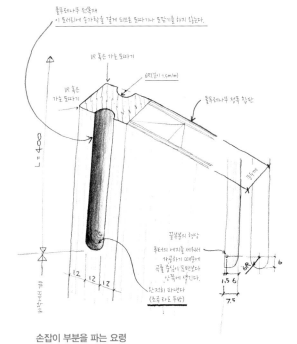

손잡이 부분을 파는 요령

손잡이는 루터를 사용해서 파는데, 끝부분에서 루터를 들어 올리면 형태가 불명료해져서 예쁘지 않기 때문에 완전히 반원이 될 때까지 판다. 또한 깊이는 반원보다 약간 깊게 파면 손잡이 끝이 깊어져서 손가락을 걸기가 쉬워진다.

거실 소파에서 식당을 바라본 모습. 외쪽지붕의 기울기를 살려 부엌 쪽은 3미터의 천장 높이를 확보했다. 왼쪽에는 빨래 건조장 겸 발코니가 있으며, 주방을 통해서도 드나들 수 있다.

66

자신의 취향에 맞게 조정할 수 있는 간단한 장치

이 집은 원래 하나였던 부지를 남북으로 토지를 나누고 그 북쪽에 지은 것이다. 그래서 미래에 남쪽에도 집이 지어질 것을 가정해 북쪽으로 갈수록 낮아지는 외쪽지붕을 설치하고 처마가 높은 남쪽 벽에 고창을 달아 자연광을 끌어들였다. 또한 남향이라서 열도 함께 들어올 것을 예상해 알루미늄 새시 안쪽에 차광문을 병설함으로써 실내에 들어오는 빛·바람과 열을 거주자가 직접 조절할 수 있게 했다.

창문 하단이 바닥에서 2.2미터 높이에 있기 때문에 벽에 발판과 손잡이를 설치했다. 먼저 발판에 왼발을 올려놓고, 왼손으로 손잡이를 잡는다. 그러면 차광문 손잡이에 오른손이 닿으므로 문을 왼쪽으로 당기면 또 한 짝의 문이 끌려 나와서 두 짝이 동시에 닫힌다.

서재 주변에 설치한 천창에는 열선 반사 유리를 사용했는데, '여름에는 직사광선이 들어와서 덥다'는 이유에서 천창 안쪽에 접이식 수동 차광문을 설치했다. 천창 둘레 천장에 설치한 나무틀의 홈에 접이문을 걸어서 문을 잡아당겨 여닫을 수 있게 했다(오른쪽 페이지 참조). 빛이 들어오는 길에 레일이나 핸들, 빗장 등의 철물이 튀어나와 있으면 그림자가 생겨서 하늘을 올려다봤을 때의 실루엣을 망쳐 버릴 것 같았다. 그래서 평소에 접어놓았을 경우의 외관도 고려해 경첩을 제외한 철물은 사용하지 않기로 했다.

또한 차광문 끝이 천장 면보다 조금 더 내려와 손잡이를 잡기 쉽도록 손잡이 쪽 문을 조금 더 길게 만들었다.

고가네이의 집

도쿄 도 고가네이 시
부지 면적 / 137.19㎡
건축 면적 / 54.41㎡

서재의 천창을 올려다본 모습. 천창을 개방했을 때 손잡이 부분이 천장 아래로 내려오도록 만들었다.

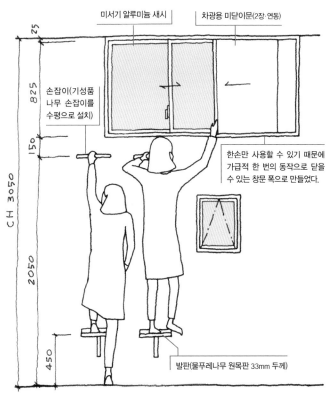

서재의 천창을 열었을 때와 닫았을 때

경첩 이외의 철물은 사용하지 않았다. 중앙이 아닌 곳에서 접히도록 만들면 문의 무게중심이 한쪽으로 치우치기 때문에 자연스럽게 완전히 닫힌다.

앞으로 남쪽에 이웃집이 지어졌을 경우의 천장 높이를 고려한 주방의 고창. 이웃집 지붕 너머로 자연광이 들어온다. 창문 오른쪽에 차광문(2장)이 숨어 있어서 필요에 따라 빛의 양을 조절할 수 있다. 안쪽 벽의 왼쪽에 보이는 것이 발판과 손잡이다.

창문 위치를 의논했을 때의 스케치

건축주의 키(160cm 정도)에 맞춰 발판과 손잡이 높이를 결정하고, 설명하기 위해 스케치를 그렸다.

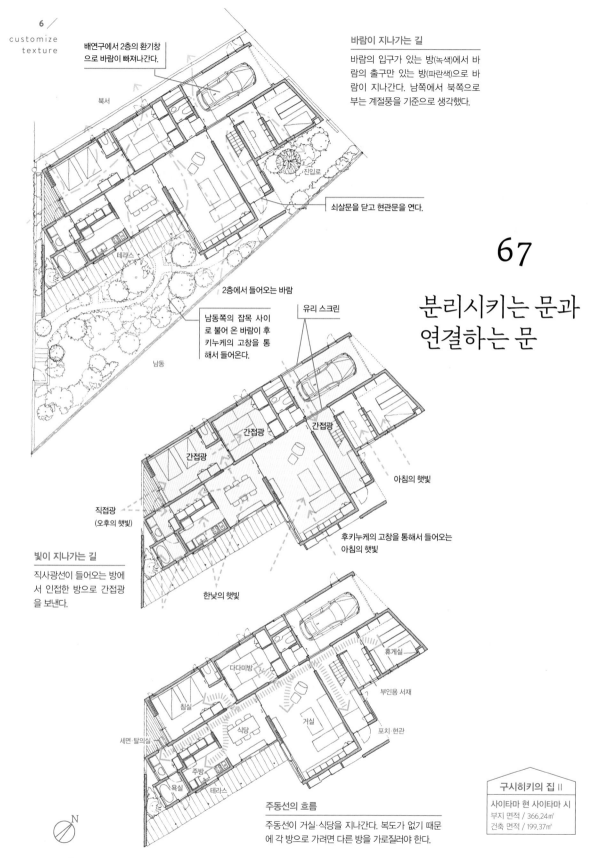

배연구에서 2층의 환기창으로 바람이 빠져나간다.

북서

진입로

테라스

쇠살문을 닫고 현관문을 연다.

2층에서 들어오는 바람

남동쪽의 잡목 사이로 불어 온 바람이 후키누케의 고창을 통해서 들어온다.

유리 스크린

남동

바람이 지나가는 길

바람의 입구가 있는 방(녹색)에서 바람의 출구만 있는 방(파란색)으로 바람이 지나간다. 남쪽에서 북쪽으로 부는 계절풍을 기준으로 생각했다.

67

분리시키는 문과 연결하는 문

간접광

간접광

간접광

아침의 햇빛

직접광
(오후의 햇빛)

후키누케의 고창을 통해서 들어오는 아침의 햇빛

빛이 지나가는 길

직사광선이 들어오는 방에서 인접한 방으로 간접광을 보낸다.

한낮의 햇빛

다다미방

휴게실

침실

부인용 서재

세면·탈의실

포치·현관

욕실

테라스

식당

주방

거실

주동선의 흐름

주동선이 거실·식당을 지나간다. 복도가 없기 때문에 각 방으로 가려면 다른 방을 가로질러야 한다.

N

구시히키의 집 II
사이타마 현 사이타마 시
부지 면적 / 366.24㎡
건축 면적 / 199.37㎡

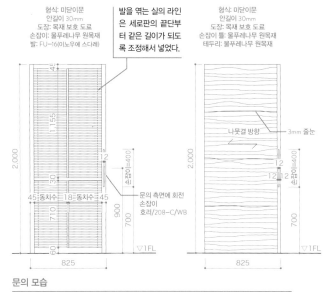

형식: 미닫이문
안길이 30mm
도장: 목재 보호 도료
손잡이: 물푸레나무 원목재
발: FU-16(이노우에 스다레)

발을 엮는 실의 라인은 세로판의 끝단부터 같은 길이가 되도록 조정해서 넣었다.

형식: 미닫이문
안길이 30mm
도장: 목재 보호 도료
손잡이 틀: 물푸레나무 원목재
테두리: 물푸레나무 원목재

나뭇결 방향
3mm 줄눈

문의 측면에 회전 손잡이
호리/208-C/WB

문의 모습

발문의 중간틀은 다다미방에 앉았을 때의 눈높이에서 미묘하게 벗어나도록 약간 아래에 설치했다. 발이 처지는 것을 방지하는 효과도 있다.

다다미방 입구의 발문. 맹장지문과 발문이 같은 포켓에 수납되어 있다.

1층 주침실을 바라본 모습. 장지문 너머는 빨래 건조용 테라스다. 다다미방이 옆에 있어 장지문 너머로 확산광이 들어온다.

2층 주침실을 바라본 모습. 침대 머리맡의 발문은 1층 거실과 이어져 있어서 빛과 바람이 들어온다.

이 집은 60대 부부를 위한 주택으로, 바닥 면적이 231제곱미터다. 주침실을 포함해 생활에 필요한 모든 공간을 1층에, 두 번째 침실과 게스트룸을 거실 위에 배치하고 후키누케로 1층과 2층을 연결했다. 1층 방은 남북 방향으로 동쪽과 서쪽에 길게 배치하고, 복도는 최대한 생략했다. 부부 두 사람이 사는 집이기에 복도를 설치해 동쪽 방과 서쪽 방을 분리시킴으로써 시선이 닿지 않는 방이 생기는 일이 없도록 거실이나 식당 등을 통과해 목적한 장소에 도착할 수 있도록 동선을 짰다.

동쪽 방에서는 테라스 너머로 정원을 바라볼 수 있지만 서쪽 방은 이웃집과 가까운 탓에, 각 방의 왕래와 실질적인 채광·통풍은 동쪽 방에 의존하게 된다. 거실·다다미방·식당·침실에서는 거주자가 같은 포켓에 있는 격자문과 발문을 적절하게 사용함으로써 계절이나 시간대에 맞춰 항상 빛과 바람과 인기척을 옆방에 전할 수 있다. 2층 침실도 통풍을 거실의 후키누케에 의존하기 때문에 발문을 달아 놓았다.

복도를 설치하지 않고 방과 방을 연결함으로써 부부가 집 안을 오가는 사이에 서로의 기척을 느끼면서 살 수 있는 공간이 되었다.

외여닫이문에 미닫이 방충문을
조합한 현관. 문에는 적삼목을
사용했다. 포치는 옹벽과 집을
연결하는 목제 브리지로 되어
있다(하세의 집).

68

현관문은
나무로
만들고 싶다

나는 '현관문은 나무로 만들고 싶다'고 생각한다. 방화 성능이나 기밀 성능, 방범이나 유지 관리 문제 등을 생각했을 때, 지금의 주택에 목제 현관문을 만드는 것은 간단한 일이 아니게 되었다. 경년 변화나 질감·촉감·습기 조절 능력을 언급할 필요도 없이, '나무라는 소재의 장점'은 여전히 목제 창호가 사용되고 있으며 수요가 있다는 사실에서도 명확히 드러난다. '살아 있는 소재를 사용하는 것'을 멋지다고 생각하는 우리의 가치관이 목제 창호를 원하도록 만들고 있는 것이 아닐까? 또한 알루미늄 제품에 점점 밀려나는 것이 '원

통하다'는 지극히 개인적이고 감정적인 이유도 있다.

목제 주택에서 산다면 24시간 환기가 당연해진 지금도 '창문을 열고 닫으며' 생활하는 것이 중요하다고 느낀다. 건축물이 몸의 연장선으로서 외부 날씨나 기온·명암·소리·냄새를 거주자에게 전해 주지 않으면 그곳에서의 생활은 '따분한' 것이 된다. 현관문도 개구부 중 하나이므로 사용하기에 따라 효과적인 환기 경로가 된다. 사진처럼 미닫이 방충문을 함께 달아서 현관문을 개방할 수 있게 하는 방법도 있다. 물론 방범상 불가능한 경우도 있으며, 그럴 때는 문에 채광창을 달

왼쪽/실린더 1211–51/MCR–WB, 문에는 미송을 사용했다. 동일 키로 1311D를 증설. 비스듬하게 설치한 문 옆 창을 통해 기존의 벚나무와 우물이 보인다(묘렌지의 집).
오른쪽/실린더 1211–51/LFR–WB, 문에는 나왕을 사용했다. 경첩은 182–C를 3개 사용했으며, 문 앞의 인기척을 전하는 유리 슬릿을 넣었다(도고의 집).
* 두 문의 레버 핸들 모두 WB(화이트브론즈색)는 특별 주문색.

LBR+ 원형좌판 MJ
LBR은 현관문에도 사용하지만, 원형좌판MA(1210L–38)와 조합해 실내 문, 나무틀 유리문 등에도 자주 사용한다.

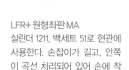

LFR+ 원형좌판 MA
실린더 1211, 백세트 51로 현관에 사용한다. 손잡이가 길고, 안쪽이 곡선 처리되어 있어 손에 착 감긴다.

MCR+ 원형좌판 MA
실린더 1211, 백세트 51로 현관에 사용한다. 손잡이 끝이 안쪽으로 휘어져 있어 젖은 손으로 잡아도 미끄러지지 않는다.

평형 경첩 182–B·182–C
내하중은 B가 2개에 80kg, C가 2개에 70kg이다. 통상적인 목제 현관문이라면 C로 충분하지만, 높이나 폭이 있을 경우는 C를 3개 설치한다.

거나 문 옆에 창문을 설치해 빛이나 바람, 소리, 기적의 출입을 보완한다.

　자물쇠나 핸들, 경첩 등 우리 손으로는 만들 수 없는 철물 중에도 오랫동안 사용하고 있는 것들이 있다. 여기에서는 그중 몇 가지를 소개하려 한다.

다양한 핸들

호리 상점의 제품은 하나같이 만듦새가 꼼꼼하며, 두툼하고 무게가 있어 오래 사용해도 망가지거나 느슨해져서 기능이 저하될 우려가 적다. 우리는 독립 초기부터 MCR·LBR·LFR 같은 호리 상점의 제품 중에서도 기본 형태의 도어 핸들을 사용해 왔다. 20년이 지난 지금도 핸들을 놓으면 처음 설치했을 때와 마찬가지로 수평보다 3도 높은 원래의 위치로 돌아간다. 이 동작 하나만으로도 신뢰할 수 있다.

레버 핸들 MCR 정면도
핸들의 정위치가 수평보다 3도 올라가 있어 오래 사용해도 아래로 처지지 않는다는 점이 좋다. 래치가 스트라이커에 확실히 맞물려 있느지 확인하는 기준도 된다.

문의 모습

현관문은 적삼목이나 상급 미송으로 만드는 경우가 많다. 상급 미송 루바를 사용할 경우 송진 때문에 고생하는 일이 없도록 건조 과정에서 송진을 제거한 것을 사용하는 편이 좋다.

문짝 사양

장소	현관
형식	적삼목 루바 결합 외여닫이문
안길이	45mm
재질	적삼목·문 내부 우레탄 보드
도장	오스모 우드스테인 프로텍터
경첩	평경첩 182C WB(호리 상점) 3개
클로저	M600 수평형 도어 스토퍼 포함

문틀의 스토퍼에 핀치블록 부착

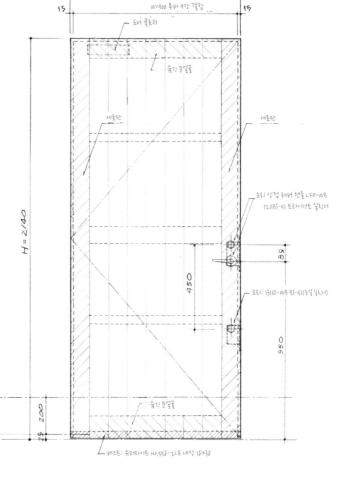

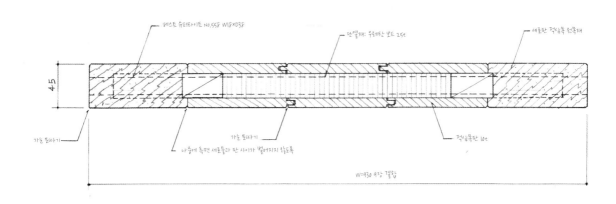

문짝 평면도

스토퍼 부분의 기밀성을 높이기 위해 최근에는 스토퍼 높이를 18mm로 하고 반 매립형 핀치블록(AZ 시리즈/핀치블록)을 사용하는 경우도 많다.

MCR과 똑같이 생겼지만 크기가 작은 MCS 핸들 부분의 현품. 원형좌판은 전용 원형좌판(40∘).

실린더 1211-51/MJR-WB. 문에는 나왕을 사용했다. 동일 키로 1311D를 증설했다(무사시코가네이의 집).
* WB는 특별 주문색

호리 상점의 이누즈카 씨에게 MCS에 관한 설명을 듣고 있다(아틀리에에서).

자물쇠 따기에 강한 트라이던트 실린더 키 3종. 보통은 왼쪽의 표준형을 사용한다.

남쪽 정원에서 건물을 바라본 모습. 2층의 튀어나온 부분에 소파 코너가 있어서, 왼쪽에 있는 가시나무를 눈앞에서 즐길 수 있다.

69

직각
이동 장지창

이 집의 부지에는 높이 15미터가 넘는 멋진 가시나무가 있다. 이 나무를 보고 원래부터 있었던 나무들과 집의 관계를 깊게 만들고 싶다는 생각이 들어 2층 거실에서 남쪽으로 튀어나온 소파 공간을 만들었다. 튀어나온 부분은 1층 현관의 처마 역할도 한다.

실내 정면의 창을 통해 잔디가 깔린 남쪽 정원을 바라보는 동시에 가시나무의 가지와 잎도 볼 수 있도록 구석에 코너 창을 설치했다. 미닫이창+외여닫이창을 조합한 창문으로, 가시나무 쪽은 고정창이다. 여닫이창은 안쪽에서 접이식 방충문을 꺼낼 수 있다.

한낮의 강한 햇볕이 부드러운 확산광으로 바뀌어 실내로 들어오도록 장지창

⌂ 오이소의 집
가나가와 현 나카 군
부지 면적 / 345.46㎡
건축 면적 / 68.63㎡

왼쪽/거실에서 가시나무를 즐길 수
있는 소파 코너. 창문을 열면 눈앞
에 가시나무 잎이 나타난다.
중앙/가시나무 쪽 고정창으로 장지
창이 이동한다.
오른쪽/장지창을 닫으면 가시나무
가지 끝이 그림자가 되어 비친다.

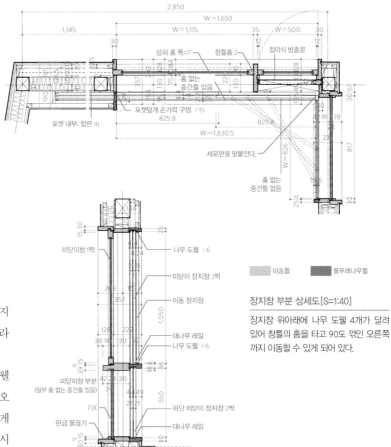

▨▨▨ 미송틀   ▨▨▨ 물푸레나무틀

장지창 부분 상세도[S=1:40]

장지창 위아래에 나무 도웰 4개가 달려
있어 창틀의 홈을 타고 90도 꺾인 오른쪽
까지 이동할 수 있게 되어 있다.

을 달았다. 왼쪽(소파 쪽) 포켓에 모든 장지
창을 수납할 수 있기 때문에 필요에 따라
상하단의 장지창을 꺼내서 사용한다.

　또한 장지창 상단과 하단에 나무 도웰
을 달아서 창틀홈을 타고 90도 꺾인 오
른쪽(가시나무 쪽)으로 이동시킬 수 있게
했다. 이는 장지창 너머로 흔들리는 가시
나무의 그림자를 즐기기 위한 장치다.

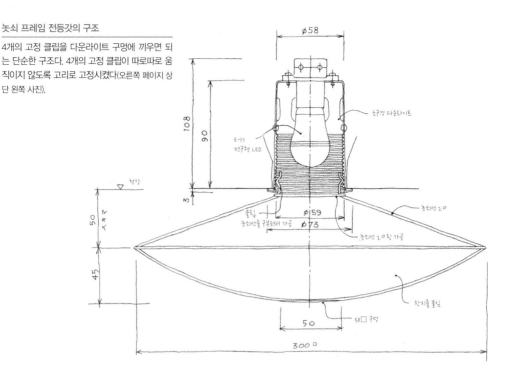

놋쇠 프레임 전등갓의 구조

4개의 고정 클립을 다운라이트 구멍에 끼우면 되
는 단순한 구조다. 4개의 고정 클립이 따로따로 움
직이지 않도록 고리로 고정시켰다(오른쪽 페이지 상
단 왼쪽 사진).

70

다다미방의 전등갓은 수작업으로

　작은 광원으로 높은 조도를 얻을 수 있는 LED는 조명 기구가 부각되는 것을 원
치 않는 다운라이트 등에 안성맞춤이라 환영할 만한 점도 많다. 그런데 LED 조명
이 일반에 보급되면서 조명 기구 제조사들이 무서울 정도의 빈도로 모델 체인지를
하게 되었다. 그 결과 설계 시점에는 판매 중이던 조명 기구가 막상 현장에서 사용
하려 할 때는 이미 단종된 경우도 많아졌다.

　광원이 되는 전구 형태가 달라지기 때문에 그 전구를 담는 기구의 형태를 결정
하지 못하는 것은 당연하다면 당연한 일이다. 그야말로 '조명 과도기'라고 할 수 있
는 현상인데, 역시 '이곳의 조명은 그걸로 하자'라는 기본형은 갖고 싶은 법이다. 특
히 기구 형태가 신경 쓰이는 벽걸이 조명이나 다다미방에서 사용하는 조명 등은 카
탈로그를 열심히 들여다봐도 이거다 싶은 것을 찾기가 어렵다.

　우리가 조명 기구를 수작업으로 만들기 시작한 계기는 2002년에 설계를 의뢰
한 건축주의 집에 있던 나왕 판으로 전등갓을 만들면서부터였다. "굉장히 마음이
들어서 새 집에도 그 전등갓을 달았으면 합니다"라는 요청을 받고 처음에는 사기
리셉터클용 구멍을 뚫어 E-26 백열전구를 끼웠는데, 시제품을 계속 만드는 과정에
서 소재를 나왕이 아닌 물푸레나무로 바꾸고 전체를 조금 작게 만들어 E-17 미니
크립톤전구를 끼움으로써 복도나 화장실 등 좁은 공간에서도 사용할 수 있는 조명
기구로 개량했다. 현재는 현장의 목수나 가구상에 제작을 의뢰하고 있다.

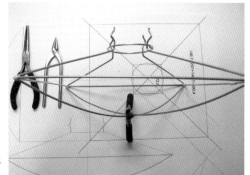

고정 클립 4개를 링으로 고정시킨 모습

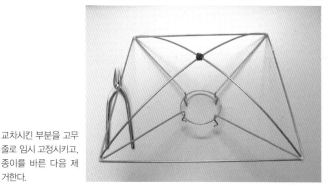

교차시킨 부분을 고무줄로 임시 고정시키고, 종이를 바른 다음 제거한다.

종이를 붙인 뒤의 전등갓. 백열전구일 경우 열기가 차기 때문에 중앙을 뚫어 놓았다.

틀은 가구 제작. 벽에 기존의 리셉터클형 조명 기구를 설치한 다음, 구멍을 뚫은 되 모양의 틀을 끼우고 나사로 고정시킨다.

또 하나의 전등갓은 2007년에 다다미방용으로 놋쇠와 한지를 사용해 만든 것이다. '니시하라의 집'에 7.5제곱미터 정도의 다다미방이 있어 그곳에 작은 다운라이트를 설치했는데, 우리가 당시 가장 의지했던 도편수에게 "왜 다다미방에 다운라이트를 다는 거요?"라는 지적을 받고 홧김에 손으로 직접 만든 것이 계기였다. 구경 60밀리미터의 소형 다운라이트에 들어가도록 놋쇠 선으로 짠 프레임을 끼운 것이 전부인 간단한 전등갓이다. 한지를 붙일 때 불연 처리액을 바르고 중앙에 열기를 빼내기 위해 한 변이 50밀리미터인 사각 구멍을 설치했다. 놋쇠 선은 용접이나 납땜을 할 도구가 없어서 교차 부분에 가는 실을 감은 다음 나중에 침윤형 접착제로 고정시켰다.

복도나 침실 등에 사용한다. 위아래로 빛이 적당히 확산된다.

185

거실 북쪽의 긴 횡연창. 중앙 오른쪽의 기둥 앞에 있는 롤러를 이용해 빈지문을 회전시켜 데이베드 쪽으로 보낸다. 창문은 기둥을 끼고 유리문 4짝, 방충문 3짝, 빈지문 4짝, 장지문 4짝으로 구성되어 있다.

창호 제작사에 복각 제작을 의뢰한 빈지문 롤러

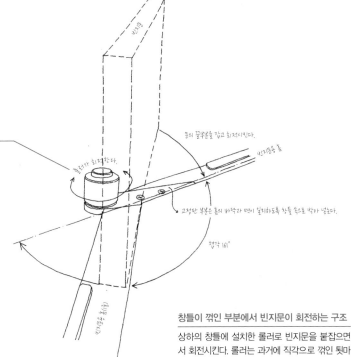

창틀이 꺾인 부분에서 빈지문이 회전하는 구조
상하의 창틀에 설치한 롤러로 빈지문을 붙잡으면서 회전시킨다. 롤러는 과거에 직각으로 꺾인 툇마루에 빈지문을 1열로 설치할 때 사용하던 것이다.

71

일상을 뒷받침하는 장치

우리는 목제 유리문의 기밀성과 단열성을 보완하기 위해 다다미방이 아닌 곳에도 기본적으로 빈지문(바깥쪽 문)과 장지문 또는 맹장지문(안쪽 문)을 함께 설치해 왔다. 이 가운데 빈지문은 매일 여닫게 되므로 가급적 단순한 방식을 궁리한다.

이 집의 2층 거실에 있는 길이 4.8미터의 횡연창은 중간이 살짝 꺾여 있다. 빈지문은 모두 4짝으로, 동쪽의 포켓에서 3짝을 꺾여 있는 서쪽으로 이동시켜 닫는다.

빈지문을 여닫는 데 걸리는 시간은 1~2분에 불과하지만, 아침저녁으로 창가에 서서 집을 향해 잎과 가지를 뻗는 단풍나무를 바라볼 수 있는 '여유'를 생활 속에 '슬쩍' 숨겨 놓았다.

고가네이의 집

도쿄 도 고가네이 시
부지 면적 / 137.19㎡
건축 면적 / 54.41㎡

왼쪽/긴 가로 창문과 공원의 단풍나무를 바라본 모습. 기둥의 바깥쪽에 빈지문이 이동하는 홈이 있기 때문에 유리문 3짝, 방충문 2짝, 빈지문 1짝의 합계 6짝의 문을 수납하는 상하의 창틀이 250mm 정도 밖으로 나와 있다.
오른쪽/공원 쪽의 나무를 바라본 모습. 정원에는 직접 공원으로 나갈 수 있는 나무문을 설치했다.

거실의 높이 균형 검토 스케치

데이베드의 위치, 상부에 있는 벽 선반 제작과 높이의 균형을 검토하기 위해 설계 중에 그렸던 거실 스케치. 데이베드에 누운 채 단풍나무 가지 끝을 바라볼 수 있다. 데이베드가 놓인 서쪽 끝에는 포켓을 설치하고 싶지 않아서 빈지문을 수납하는 포켓을 창문 동쪽에 설치했다.

오른쪽/나사 테이블과 데이베드. 왼쪽 위/나사 테이블의 나사 부분. 왼쪽 아래/사각형의 나사 테이블. 3점 모두 가구의 기본 소재는 참피나무 합판이다. 원형 테이블의 다리는 나라, 사각 테이블의 다리는 너도밤나무로 제작했다.

72

나사 테이블과 데이베드

현장 공사가 끝나고 인도하기까지 시간이 있을 때는 건축주의 승낙을 얻어 내람회(오픈하우스)를 여는 경우가 있다. 현재 설계 이야기를 나누고 있는 가족에게 내외장이나 창호·가구의 사양과 재료를 맞추는 방법을 실제로 보여주는 것이 목적이다. 모처럼의 기회이므로 보통은 설계에 협력해 주신 분이나 잡지 편집자에게 공개하는 기회로도 이용하고 있다.

그럴 때 텅 빈 거실이나 식당을 봐서는 그 장소에서 어떤 생활이 펼쳐질지 알 수 없다. 안내하는 처지에서는 안내를 받는 쪽이 '부족함'을 느끼고 있지 않을까 걱정되었다. 그래서 가구 제작인 아베 시게후미 씨와 의논해 아틀리에의 내람회에서 그곳에서의 생활감을 자아내기 위해 사용할 '가구 3점(원형 테이블과 다이닝 테이블, 데이베드)'을 만들었다.

2명만 있으면 현장에서 손쉽게 조립할 수 있고, 계속 사용이 가능하도록 강도도 신경 써서 만들었다. 왜 이 3점을 만들었느냐 하면, 우리가 탄 상태에서 다이닝 체어 2점, 접을 수 있는 의자, 아이용 의자와 함께 자가용에 실을 수 있는 가구의 수는 이 정도가 한계일 것 같다는 지극히 단순한 발상에서다.

이 '가구 3점'을 놓고 몇 번인가 내람회를 여는 사이, 도중에 고령자가 앉아서 쉬거나, 고객이 돌아간 뒤에 친구와 앉아서 차를 마시거나, 테이블에 앉아 집을 인도하기 위한 미팅을 하는 등 폭넓은 용도로 유용하게 활용하고 있다.

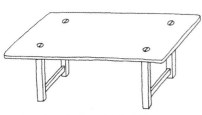

나사 테이블(직사각형)을 접는 방법 · 운반하는 방법

상판의 나사를 동전 등으로 돌려서 푼다. 풀었던 나사와 볼트는 다시 끼워 놓으면 잃어버릴 염려가 없다.

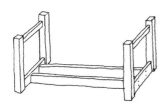

다리를 분리시켰으면 뒤집는다.

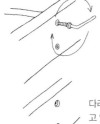

다리와 가로목을 고정하고 있는 볼트를 육각 렌치로 푼다.

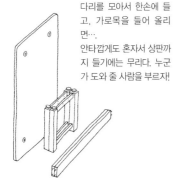

다리를 모아서 한손에 들고, 가로목을 들어 올리면….
안타깝게도 혼자서 상판까지 들기에는 무리다. 누군가 도와 줄 사람을 부르자!

나사 테이블(원형)을 접는 방법 · 운반하는 방법

상판 나사를 동전 등으로 돌려서 푼다.

풀었던 나사와 볼트는 구멍에 다시 끼워 놓으면 잃어버릴 염려가 없다.

다리를 분리시켰으면 나사 구멍이 없는 쪽 다리를 위로 들어 올려서 다리를 회전시킨다.

다리를 모아서 한손에 들고 상판 구멍에 손가락을 끼워 들어 올리면 준비 완료. 어디로든 가져갈 수 있다.

데이베드 사용법

평소에는 소파로

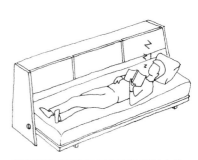

본래 침대용 매트이므로 그대로 기분 좋게 눕는다.

너무 기분 좋아서 '조금만…'이라는 생각이 들었을 때는 측면의 나사를 풀고 침대를 꺼내면 본격적으로 잘 수 있다. 슬라이드식 등받이에서 이불을 꺼내 덮는 것을 잊지 말자.

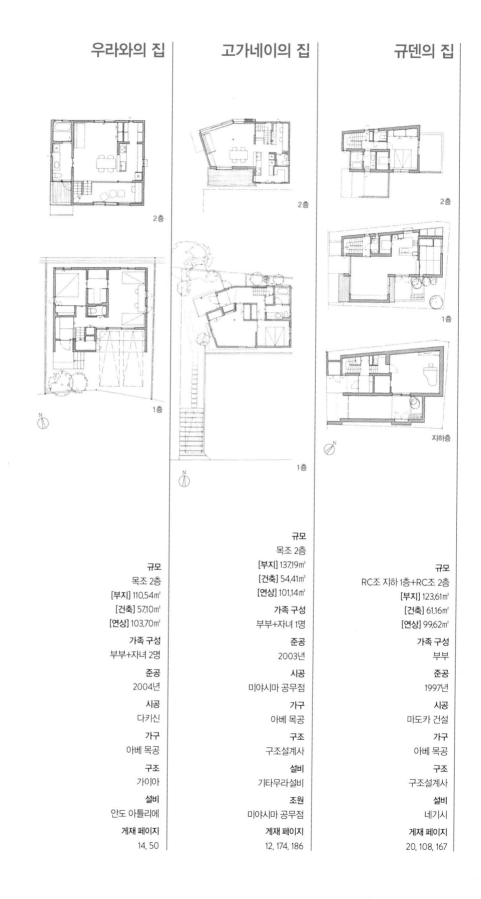

우라와의 집

2층

1층

N

규모
목조 2층
[부지] 110.54㎡
[건축] 57.10㎡
[연상] 103.70㎡

가족 구성
부부+자녀 2명

준공
2004년

시공
다키신

가구
아베 목공

구조
가이아

설비
안도 아틀리에

게재 페이지
14, 50

고가네이의 집

2층

1층

N

규모
목조 2층
[부지] 137.19㎡
[건축] 54.41㎡
[연상] 101.14㎡

가족 구성
부부+자녀 1명

준공
2003년

시공
미야시마 공무점

가구
아베 목공

구조
구조설계사

설비
기타무라설비

조원
미야시마 공무점

게재 페이지
12, 174, 186

규덴의 집

2층

1층

지하층

N

규모
RC조 지하 1층+RC조 2층
[부지] 123.61㎡
[건축] 61.16㎡
[연상] 99.62㎡

가족 구성
부부

준공
1997년

시공
마도카 건설

가구
아베 목공

구조
구조설계사

설비
네기시

게재 페이지
20, 108, 167

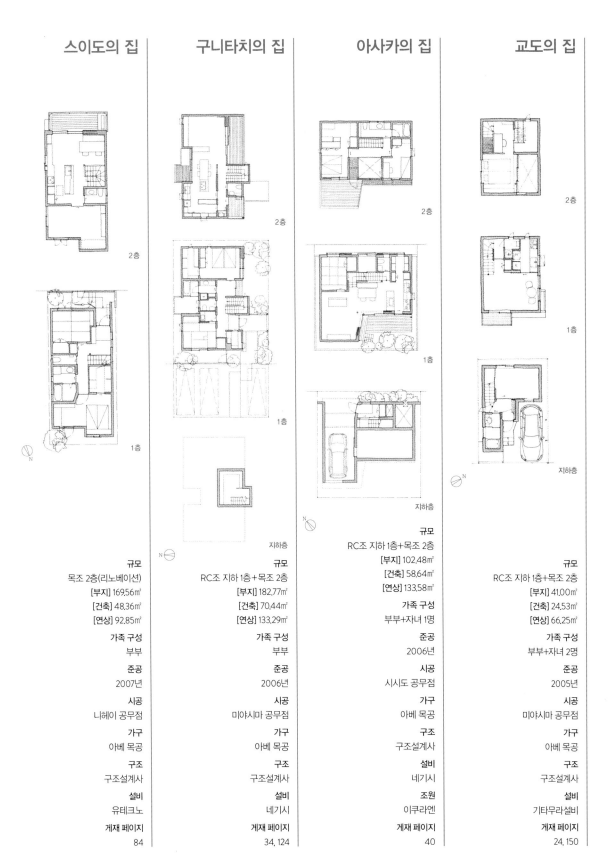

스이도의 집	구니타치의 집	아사카의 집	교도의 집
2층	2층	2층	2층
1층	1층	1층	1층
	지하층	지하층	지하층

스이도의 집

규모
목조 2층(리노베이션)
[부지] 169.56㎡
[건축] 48.36㎡
[연상] 92.85㎡

가족 구성
부부

준공
2007년

시공
니헤이 공무점

가구
아베 목공

구조
구조설계사

설비
유테크노

게재 페이지
84

구니타치의 집

규모
RC조 지하 1층+목조 2층
[부지] 182.77㎡
[건축] 70.44㎡
[연상] 133.29㎡

가족 구성
부부

준공
2006년

시공
미야시마 공무점

가구
아베 목공

구조
구조설계사

설비
네기시

게재 페이지
34, 124

아사카의 집

규모
RC조 지하 1층+목조 2층
[부지] 102.48㎡
[건축] 58.64㎡
[연상] 133.58㎡

가족 구성
부부+자녀 1명

준공
2006년

시공
시시도 공무점

가구
아베 목공

구조
구조설계사

설비
네기시

조원
이쿠라엔

게재 페이지
40

교도의 집

규모
RC조 지하 1층+목조 2층
[부지] 41.00㎡
[건축] 24.53㎡
[연상] 66.25㎡

가족 구성
부부+자녀 2명

준공
2005년

시공
미야시마 공무점

가구
아베 목공

구조
구조설계사

설비
기타무라설비

게재 페이지
24, 150

니시하라의 집	니자의 집	오이즈미의 집	오쓰카의 집

2층

2층

2층

2층

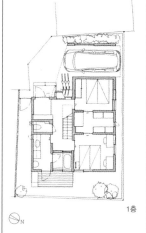

1층

1층

2층

1층

1층

지하층

지하층

규모
목조 2층
[부지]144.70㎡
[건축]85.72㎡
[연상]165.07㎡

가족 구성
부부+부모

준공
2007년

시공
다키신

가구
아베 목공

구조
안도 아틀리에

설비
유테크노

조원
소켄 가든

게재 페이지
80, 112

규모
목조 2층
[부지]112.85㎡
[건축]60.26㎡
[연상]107.10㎡

가족 구성
부부+자녀 3명

준공
2007년

시공
시시도 공무점

가구
후카쓰 목공

구조
가이아

설비
유테크노

게재 페이지
60

규모
RC조 지하 1층+목조 2층
[부지]125.04㎡
[건축]51.40㎡
[연상]143.46㎡

가족 구성
부부+자녀 1명

준공
2007년

시공
미야시마 공무점

가구
아베 목공

구조
가이아

설비
네기시

게재 페이지
18, 102, 138

규모
RC조 지하 1층+S조 2층
[부지]96.22㎡
[건축]57.28㎡
[연상]136.61㎡

가족 구성
부부+자녀 2명

준공
2007년

시공
시시도 공무점

가구
후카쓰 목공

구조
구조설계사

설비
유테크노

게재 페이지
42

고이시카와의 집	이치카와의 집	하세의 집	다카이도의 집

3층

2층

1층

1층

지하층

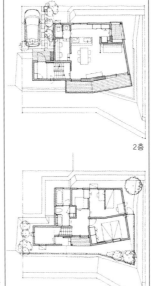

2층

1층

2층

1층

지하층

규모	**규모**	**규모**	**규모**
S조 3층	S조 지하 1층＋목조 1층	목조 2층	RC조 지하 1층＋목조 2층
[부지]89.65㎡	[부지]284.84㎡	[부지]165.19㎡	[부지]80.00㎡
[건축]45.93㎡	[건축]108.10㎡	[건축]54.63㎡	[건축]31.87㎡
[연상]117.88㎡	[연상]129.88㎡	[연상]96.95㎡	[연상]91.60㎡
가족 구성	**가족 구성**	**가족 구성**	**가족 구성**
부부＋자녀 2명	부부＋자녀 2명	부부＋자녀 1명	부부＋부모
준공	**준공**	**준공**	**준공**
2010년	2009년	2009년	2008년
시공	**시공**	**시공**	**시공**
미야시마 공무점	시시도 공무점	산요 목재	미야시마 공무점
가구	**가구**	**가구**	**가구**
아베 목공	아베 목공	후카쓰 목공	아베 목공
구조	**구조**	**구조**	**구조**
구조설계사	구조설계사	가이아	가이아
설비	**설비**	**설비**	**설비**
유테크노	유테크노	안도 아틀리에	유테크노
게재 페이지	**조원**	**조원**	**조원**
160	건축주	미야하라엔	사이엔
	게재 페이지	**게재 페이지**	**게재 페이지**
	31, 56, 141	44, 78, 88, 154	52, 82, 118, 144

다카반의 집	오이소의 집	사쿠라신마치의 집	히가시타마가와의 집
규모	**규모**	**규모**	**규모**
목조 2층	1층 RC조+2층 목조	목조 2층	목조 2층
[부지] 100.34㎡	[부지] 345.46㎡	[부지] 127.18㎡	[부지] 152.06㎡
[건축] 57.95㎡	[건축] 68.63㎡	[건축] 59.33㎡	[건축] 75.94㎡
[연상] 121.44㎡	[연상] 113.02㎡	[연상] 115.53㎡	[연상] 139.10㎡
가족 구성	**가족 구성**	**가족 구성**	**가족 구성**
부부+자녀 1명	부부+자녀 1명	부부+자녀 2명+부모	부부+자녀 1명+부모(장래)
준공	**준공**	**준공**	**준공**
2012년	2012년	2011년	2010년
시공	**시공**	**시공**	**시공**
다키신	야스이케 건설 공업	다키신	미야시마 공무점
가구	**가구**	**가구**	**가구**
후카쓰 목공	아베 목공	아베 목공	아베 목공
구조	**구조**	**구조**	**구조**
구조설계사	가이아	가이아	가이아
설비	**설비**	**설비**	**설비**
안도 아틀리에	플란타고	유테크노	유테크노
조원	**조원**	**조원**	**조원**
소켄 가든	미야시마 공무점	마쓰자카 정원	미야시마 공무점
게재 페이지	**게재 페이지**	**게재 페이지**	**게재 페이지**
38, 126, 130	16, 182	54, 72, 94, 128, 147, 170	28, 68, 156

요시미의 집

1층

N

규모
목조 단층
[부지] 459.01㎡
[건축] 107.59㎡
[연상] 99.25㎡

가족 구성
부부+자녀 2명

준공
2014년

시공
호리오 건설

가구
아베 목공

구조
가이아

설비
유테크노

조원
사이엔

게재 페이지
36, 110

미요시의 집

2층

1층

N

규모
목조 2층
[부지] 308.00㎡
[건축] 58.11㎡
[연상] 105.96㎡

가족 구성
부부+자녀 2명

준공
2013년

시공
우치다 산업

가구
아베 목공

구조
구조설계사

설비
유테크노

게재 페이지
94

구시히키의 집 I

2층

1층

규모
목조 2층
[부지] 293.86㎡
[건축] 151.20㎡
[연상] 210.24㎡

가족 구성
부부+자녀 2명

준공
2013년

시공
사에키 공무점

가구
아베 목공

구조
구조설계사

설비
유테크노

조원
구로스 식물원

게재 페이지
22, 62, 158

묘렌지의 집

2층

1층

N

규모
목조 2층
[부지] 132.62㎡
[건축] 63.23㎡
[연상] 108.83㎡

가족 구성
부부+자녀 2명

준공
2012년

시공
미야시마 공무점

가구
후카쓰 목공

구조
구조설계사

설비
유테크노

조원
사카타의 씨앗

게재 페이지
90, 98, 114

도고의 집	롯카쿠바시의 집	구시히키의 집 II	센가와의 집

도고의 집

2층

1층

N

규모
목조 2층
[부지] 382.87㎡
[건축] 120.48㎡
[연상] 176.22㎡

가족 구성
부부+자녀 2명+부모

준공
2016년

시공
곤도 건축

가구
후카쓰 목공

구조
구조설계사

설비
유테크노

조원
아오키 작정사

게재 페이지
66, 76

롯카쿠바시의 집

2층

1층

지하층

N

규모
RC조 지하 1층+목조 2층
[부지] 96.86㎡
[건축] 48.00㎡
[연상] 94.25㎡

가족 구성
부부+자녀 2명+부모

준공
2016년

시공
다키신

가구
후카쓰 목공

구조
구조설계사

설비
유테크노

게재 페이지
64

구시히키의 집 II

2층

1층

N

규모
목조 2층
[부지] 366.24㎡
[건축] 199.37㎡
[연상] 235.69㎡

가족 구성
부부

준공
2016년

시공
사에키 공무점

가구
아베 목공

구조
하타노 구조 설계실

설비
유테크노

게재 페이지
116, 134, 176

센가와의 집

3층

2층

1층

N

규모
목조 3층
[부지] 70.00㎡
[건축] 41.95㎡
[연상] 121.86㎡

가족 구성
부부

준공
2014년

시공
미야시마 공무점

가구
아베 목공

구조
구조설계사

설비
유테크노

게재 페이지
104

히가시마쓰야마의 집

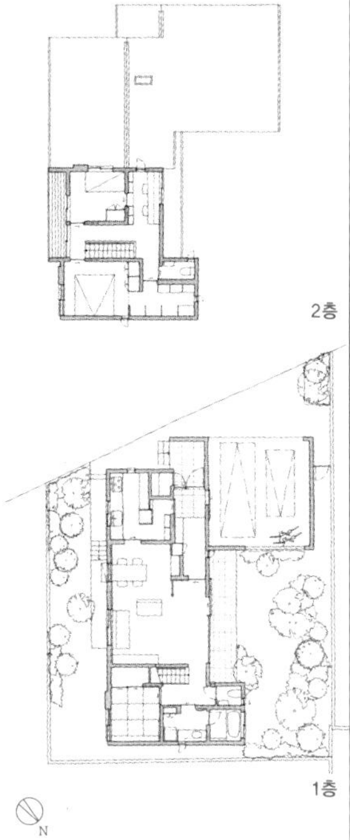

2층

1층

N

규모
목조 2층
[부지] 257.92㎡
[건축] 121.09㎡
[연상] 130.32㎡

가족 구성
부부+자녀 1명

준공
2017년

시공
松本建設

가구
아베 목공

구조
구조설계사

설비
유테크노

조원
사이엔

게재 페이지
132

주조나카하라의 집

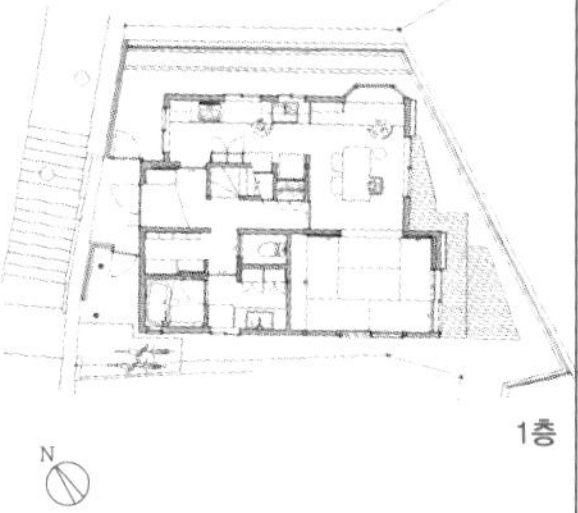

N

1층

규모
목조 2층(리노베이션)
[부지] 97.15㎡
[건축] 46.98㎡
[연상] 78.57㎡

가족 구성
부부+자녀 2명

준공
2016년

시공
미야시마 공무점

가구
후카쓰 목공

구조
안도 아틀리에

설비
안도 아틀리에

게재 페이지
86

고쿠분지의 집

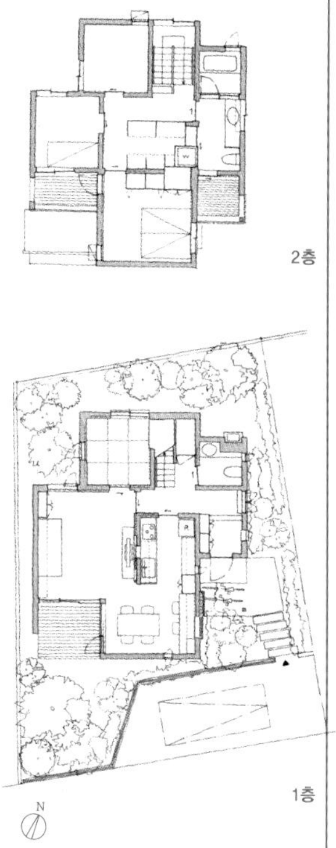

2층

N

1층

규모
목조 2층
[부지] 167.64㎡
[건축] 66.31㎡
[연상] 126.13㎡

가족 구성
부부+자녀 1명

준공
2016년

시공
미야시마 공무점

가구
아베 목공

구조
구조설계사

설비
유테크노

조원
사이엔

게재 페이지
26, 96, 152

사진(가나다순)

간노 겐지   64쪽

구로즈미 나오오미   80~18, 160쪽

니시카와 마사오   2~3, 18, 25, 28, 32(오른쪽 위 아래), 35(위
+아래), 36~37, 46~47, 53~59, 69~73,
79, 83, 88, 92~93, 94(위), 98~99, 102,
110(오른쪽 아래), 115, 124~125, 128, 138,
144~145, 147, 150~151, 171쪽(오른쪽 위)

마쓰무라 다카후미   38, 103, 126~127, 130~131쪽

신건축사   51(오른쪽 위, 《주택 특집》 2005년 7월호),
174쪽(《주택 특집》 2003년 11월호)

아리타 요시타카   63쪽(왼쪽 위)

야마시카 도모야스   43쪽

와타나베 유키   13(위), 175(오른쪽 아래), 186쪽(위)

이시이 마사요시   14~15, 50쪽

이카이 다쿠시   26쪽

*건축주 제공   13(아래), 41, 77(아래), 97(왼쪽 아래), 119(왼쪽
아래), 159(왼쪽 위), 187쪽(오른쪽)

*출처가 없는 사진은 전부 안도 아틀리에 촬영

안도 아틀리에 스태프

오쿠라 아야코   요시미의 집, 구시히키의 집 II, 고쿠분지의
집, 히가시마쓰야마의 집

야마다 나오키   스이도의 집, 아사카의 집, 니자의 집, 다카
이도의 집, 이치카와의 집, 히가시타마가와
의 집, 묘렌지의 집

협동 설계

아리타 요시타카   오쓰카의 집

후기

내가 건축학과 학생이었을 무렵은 포스트모던의 전성기였다. 그 영향으로 그리스의 장식이나 원기둥 같은 것들이 멋져 보였고, 여기에 기호론이 맞물리면서 '건축이란 뭐지?'라는 의문이 머릿속을 맴돌았다. 마치 짙은 안개 속을 헤매는 기분이었다고나 할까? 이후 여행을 다니면서 수많은 건축물과 문화유산을 접하고 또 실무에 관여하는 사이 건축에 대한 관점, 아름답다고 느껴지는 것, 중요한 것들이 늘어나고 그 순서가 보이면서 비로소 안개 속을 빠져나올 수 있었다는 생각이 든다.

그렇게 지난 20여 년간 40채가 넘는 주택을 만들어 왔다. 그 주택들을 다시 되돌아보면 그 부지나 건축주에게 성실하고자 최선을 다했다는 느낌을 받는다. 건축주 여러분 덕분에 깨닫게 된 것도 내가 직접 발견한 것 이상으로 많았다. 북쪽 창을 설치하는 방법, 빨래 건조장을 만들 때 유의할 점, 좁은 부지를 효과적으로 활용하는 방법을 비롯해, 주방과 정원을 궁리할 기회를 얻은 것은 요리와 식물을 좋아하는 내게 생각지도 못했던 기쁨이었다.

현재, 중세 페스트의 재림과도 같은 코로나 팬데믹이 세계를 휩쓸고 있다. 이러한 사회의 변화는 주택의 형태에도 영향을 끼칠 것이다. 그런 상황에서 '고쿠분지의 집'의 건축주에게 "재택 근무가 늘어난 와중에도 답답함 없이 즐겁게 살고 있습니다. 이 집을 짓기를 정말 잘했다는 생각이 듭니다"라는 고마운 이야기를 들었다. 우리가 중요하게 생각해 온, 그 가족의 개성을 살리고 가족 사이에 적절한 거리감을 확보할 수 있는 집이 요구되는 시대가 되었다는 느낌을 받았다.

그리고 내 기억이 맞는다면 고쿠분지의 집을 준공한 뒤인 2016년 늦가을에 엑스날러지의 구보 아야코 씨로부터 "안도 아틀리에를 소재로 한 책을 쓰시지 않겠습니까?"라는 제안을 받았다. 그전까지 잡지 〈건축 지식〉의 특집 기사에 협력한 적은 있었지만 책을 쓰는 것은 처음이었기 때문에 어떤 책이 완성될지, 애초에 내가 책을 쓸 수는 있을지 걱정이 되었다. 그러나 내가 전부터 생각해 온 것, 만들어 온 주택을 소개할 다시없는 기회라고 생각해 이 책을 쓰게 되었다.

4년에 걸쳐 나와 함께 이 책의 제작에 힘써 주신 구보 씨에게 진심으로 감사를 전한다. 또한 지면 디자인을 통해 우리의 색채와 간격을 표현해 주신 시바 아키코 씨에게도 고마움을 전한다. 행동이 굼뜬 우리를 끈기 있게 뒷받침해 준 이전 스태프 오쿠라 아야코 씨, 현재의 스태프 데라오 다케오 씨에게도 고마움을 표하고 싶다. 그리고 무엇보다 우리에게 설계할 기회를 주신 건축주 여러분에게 진심을 담아 감사를 전한다.

안도 아틀리에 다노 에리

집짓기의 기본

1판 1쇄 인쇄 | 2023년 4월 6일
1판 1쇄 발행 | 2023년 4월 13일

지은이 안도 아틀리에(안도 가즈히로·다노 에리)
옮긴이 이지호
펴낸이 김기옥

실용본부장 박재성
편집 실용1팀 박인애
마케터 서지운
판매전략 김선주
지원 고광현, 김형식, 임민진

디자인 푸른나무디자인
인쇄 · 제본 민언프린텍

펴낸곳 한스미디어(한즈미디어(주))
주소 121-839 서울시 마포구 양화로 11길 13(서교동, 강원빌딩 5층)
전화 02-707-0337 | 팩스 02-707-0198 | 홈페이지 www.hansmedia.com
출판신고번호 제 313-2003-227호 | 신고일자 2003년 6월 25일

ISBN 979-11-6007-912-8   13540